Victor Chameko

Übungsbuch zum Kurs "Chemie für Mediziner und Zahnmediziner"

© 2012 Victor Chameko

Für Ihre Anregungen, Korrektur- und Verbesserungsvorschläge:
E-Mail: v.chameko@gmx.net

Herstellung und Verlag: BoD – Books on Demand, Norderstedt.

Bibliografische Information der Deutschen Nationalbibliothek

Die Deutsche Nationalbibliothek verzeichnet diese Publikation in der Deutschen Nationalbibliografie; detaillierte bibliografische Daten sind im Internet über www.dnb.de abrufbar.

ISBN: 978-3-8482-2292-6

Vorwort

Übung macht den Meister. So gehört auch eine gewisse Übung zu der Fähigkeit, aus vielen Informationen die Essenz zu gewinnen, sie auf den Punkt zu bringen und dann möglichst effizient in die Praxis der Klausuren umzusetzen.

Aus zahlreichen Fragenstellungen, die sich während der Betreuung von Seminar- und Praktikumsveranstaltungen ergaben, entstand die Idee dieses Buches.

Seinem Konzept entsprechend soll eine einfache Zusammenstellung der Grundlagen und der wichtigsten Gesetzmäßigkeiten der Chemie dem Leser als Hilfe bei der Einordnung des Lernstoffes dienen.

Dieses Buch enthält eine große Anzahl repräsentativer Aufgaben, die sich an den Themen des Kurses "Chemie für Mediziner und Zahnmediziner" orientieren.

Jedes Kapitel enthält eine kurze Darstellung aller Prinzipien, die zum Verständnis und zur Lösung der Aufgaben notwendig sind.

Sie haben daher verschiedene Möglichkeiten, das Skript zu nutzen.

- **Sequentiell.** Sie können das Buch systematisch von vorne nach hinten durcharbeiten. Das ist der gründlichste Weg.
- **Punktuell.** Das ausführliche Inhaltsverzeichnis gibt einen Überblick über die wichtigsten Themen dieses Buches. Wählen Sie das Thema aus, das Sie am meisten interessiert, und steigen Sie bei dem entsprechenden Kapitel ein.
- **Praxisorientiert.** Sie analysieren die Übungsbeispiele und bearbeiten die Übungen, um Ihren Sinn für besseres Verständnis der Chemie zu schärfen. Im Anhang finden Sie die Lösungen aller Aufgaben.
- **Zum Nachschlagen.** Durch sein Sachverzeichnis eignet sich das Skript auch als Nachschlagewerk bei Fragen und Problemen.

Auch das Layout schafft eine zusätzliche Strukturierung, hilft dem Leser auf einen Blick die Textteile (vor allem die Formeln) zu erkennen, die für ihn relevant sind, und lässt genügend Raum für Notizen.

Also, wer nicht wagt, der nicht gewinnt!

Victor Chameko

Teil 1. Allgemeine und Anorganische Chemie

1. Der Atombau - eine Modellvorstellung
1.1 Der Atomkern 1
1.2 Die Elektronenhülle 2
1.3 Quantenzahlen 3
1.4 Pauli-Prinzip 3
1.5 Hundsche Regel 3
1.6 Elektronenkonfiguration 3
1.7 Elektronegativität 4
1.8 Übungsaufgaben 5

2. Chemische Bindung
2.1 Ionenbindung 6
2.2 Atombindung (kovalente Bindung) 8
   2.2.1 Polarisierte Atombindung 9
   2.2.2 Dipolmoleküle 9
2.3 Metallbindung 10
2.4 Koordinative Bindung 10
   2.4.1 Nomenklatur der Metallkomplexverbindungen 11
2.5 Zwischenmolekulare Kräfte 12
   2.5.1 Wasserstoffbrückenbindung 12
   2.5.2 Van der Waals Kräfte 13
2.6 Übungsaufgaben 13

3. Stoffmengen
3.1 Übungsaufgaben 18

4. Konzentrationsangaben von Lösungen
4.1 Massenprozent 20
4.2 Volumenprozent 20
4.3 Molenbruch 20
4.4 Molarität (molare Konzentration) 21
4.5 Molalität 21
4.6 Normalität 21
4.7 Dichte 22
4.8 Übungsaufgaben 23

5. Reaktionsgleichungen
5.1 Säure-Base-Reaktionen 24
5.2 Fällungs-Reaktionen (Doppelte Umsetzungen) 24
5.3 Komplexbildung 24
5.4 Redox-Reaktionen 25
5.5 Chemische Formeln und Gleichungen 25
5.6 Stöchiometrische Berechnungen 26
5.7 Übungsaufgaben 27

6. Chemische Thermodynamik
6.1 Enthalpie 28
6.2 Entropie 29
6.3 Die Triebkraft chemischer Reaktionen 29
6.4 Übungsaufgaben 30

7. Chemisches Gleichgewicht
7.1 Massenwirkungsgesetz 31
7.2 Das Prinzip von Le Chatelier 32
    7.2.1 Einfluss der Temperatur 32
    7.2.2 Einfluss des Drucks 32
    7.2.3 Einfluss der Konzentration 32
7.3 Freie Reaktionsenthalpie 33
7.4 Löslichkeitsprodukt 33
7.5 Übungsaufgaben 35

8. Säuren und Basen
8.1 pH-Wert 38
8.2 pOH-Wert 38
8.3 pKs, pKb 38
8.4 Berechnung von pH-Werten 39
    8.4.1 Starke Säuren und Basen 39
    8.4.2 Schwache Säuren und Basen 40
8.5 Neutralisation 41
8.6 Titration 41
    8.6.1 Titration einer starken Säure mit einer starken Base 42
    8.6.2 Titration einer schwachen Säure mit einer starken Base 43
    8.6.3 Titration einer schwachen Base mit einer starken Säure 44
8.7 Puffersysteme 45
8.8 Übungsaufgaben 46

9. Redox- und Elektrochemie

9.1 Oxidation und Reduktion 49
9.2 Oxidationszahlen in Molekülen 50
9.3 Oxidationszahlen in Ionen 50
9.4 Ermittlung der Oxidationszahlen 50
9.5 Regeln zum Erstellen von Redoxgleichungen 51
9.6 Elektrochemie 53
    9.6.1 Galvanische Zellen 53
    9.6.2 Normalwasserstoffelektrode 53
9.7 Nernstsche Gleichung 54
    9.7.1 Konzentrationszellen 55
9.8 Übungsaufgaben 55

10. Spezielle analytische Verfahren

10.1 Photometrische Bestimmungen 58
10.2 Dünnschicht-Chromatographie (DC) 59
10.3 Ionenaustauscher 59
10.4 Extraktion 60
10.5 Übungsaufgaben 62

Teil 2. Organische Chemie

11. Nomenklatur der Organischen Chemie
11.1 Übungsaufgaben 68

12. Isomerie
12.1 Konstitutionsisomerie 70
    12.1.1 Kettenisomerie 70
    12.1.2 Stellungsisomerie 71
    12.1.3 Isomerie funktioneller Gruppen 71
    12.1.4 Keto-Enol-Tautomerie 71
12.2 Konfigurationsisomerie 72
    12.2.1 Enantiomerie (Optische Isomerie) 73
    12.2.2 Diastereomerie 74
    12.2.3 π-Diastereomerie (cis-trans-Isomerie) 75
    12.2.4 σ-Diastereomerie 76
12.3 Konformationsisomerie 77
12.4 Übungsaufgaben 78

13. Induktivität und Mesomerie
13.1 Der Induktive Effekt 81
13.2 Der Mesomere Effekt 82
13.3 Übungsaufgaben 84

14. Organische Reaktionen
14.1 Zur Klassifizierung organischer Reaktionen 86
14.2 Substitution (Austauschreaktion) 87
    14.2.1 Radikalische Substitution (S_R) 87
    14.2.2 Monomolekulare nukleophile Substitution (S_N1) 87
    14.2.3 Bimolekulare nukleophile Substitution (S_N2) 88
    14.2.4 Elektrophile Substitution (S_E) 88
    14.2.5 Zweitsubstitution 88
14.3 Addition (Anlagerungsreaktion) 90
    14.3.1 Elektrophile Addition (A_E) 90
14.4 Eliminierung (Abspaltungsreaktion) 91
    14.4.1 Monomulekulare Eliminierung (E1) 91
    14.4.2 Bimolekulare Eliminierung (E2) 91
14.5 Redoxreaktionen 91
    14.5.1 Oxidationszahlen 91

14.5.2 Oxidation von Alkoholen 92
14.5.3 Oxidation von Thioalkoholen 92
14.5.4 Oxidation von Aldehyden 93
14.5.5 Silberspiegelprobe 93
14.5.6 Fehlingreaktion 93
14.6 Übungsaufgaben 94

15. Verbindungsklassen
15.1 Übersicht einiger Funktionalitäten 96
15.2 Übungsaufgaben 98

16. Kohlenwasserstoffe
16.1 Alkane C_nH_{2n+2} 101
   16.1.1 Wichtige Reaktionen der Alkane 102
16.2 Alkene C_nH_{2n} 102
   16.2.1 Wichtige Reaktionen der Alkene 103
16.3 Alkine C_nH_{2n-2} 104
   16.3.1 Wichtige Reaktionen der Alkine 104
16.4 Benzol und seine Derivate 104
   16.4.1 Aromatische Radikale 106
   16.4.2 Wichtige Reaktionen der Aromaten 108

17. Verbindungen mit funktionellen Gruppen
17.1 Alkohole R-OH 109
   17.1.1 Wichtige Reaktionen der Alkohole 111
17.2 Phenole 111
   17.2.1 Wichtige Reaktionen der Phenole 112
17.3 Ether R_1-O-R_2 112
17.4 Amine 113
17.5 Übungsaufgaben 115

18. Carbonylverbindungen
18.1 Aldehyde R-CHO 117
   18.1.1 Wichtige Reaktionen der Aldehyde 118
18.2 Ketone 118
   18.2.1 Wichtige Reaktionen der Ketone 120
18.3 Übungsaufgaben 120

19. Carbonsäuren und ihre Derivate
19.1 Monocarbonsäuren 122
   19.1.1 Gesättigte Monocarbonsäuren 122

19.1.2 Ungesättigte Monocarbonsäuren 124
19.1.3 Aromatische und heterocyclische Monocarbonsäuren 124
19.2 Dicarbonsäuren 125
    19.2.1 Gesättigte Dicarbonsäuren 125
    19.2.2 Ungesättigte Dicarbonsäuren 125
    19.2.3 Aromatische Dicarbonsäuren 126
19.3 Substituierte Carbonsäuren 126
    19.3.1 Halogencarbonsäuren 126
    19.3.2 Hydroxycarbonsäuren 127
    19.3.3 Ketocarbonsäuren 127
    19.3.4 Wichtige Reaktionen der Carbonsäuren 128
    19.3.5 Medizinisch wichtige Substanzen 129
19.4 Carbonsäurederivate 129
    19.4.1 Wichtige Reaktionen der Carbonsäurederivate 129
19.5 Carbonsäurehalogenide 129
    19.5.1 Darstellung 130
19.6 Anhydride 130
19.7 Ester 131
    19.7.1 Cyclische Ester (Lactone) 132
    19.7.2 Thioester 133
    19.7.3 Ester anorganischer Säuren 133
19.8 Amide 135
    19.8.1 Cyclische Amide (Lactame) 136
19.9 Übungsaufgaben 136

20. Naturstoffe
20.1 Zucker 139
    20.1.1 Einteilung nach Zahl der Kohlenhydrat-Reste 139
    20.1.2 Einteilung nach funktionellen Gruppen 139
    20.1.3 Einteilung nach der Anzahl der Sauerstoffatome 140
    20.1.4 Optische Aktivität 140
20.2 Pentosen 140
20.3 Hexosen 140
    20.3.1 D-Glucose 141
    20.3.2 D-Mannose 141
    20.3.3 D-Galactose 141
    20.3.4 D-Fructose 142
20.4 Ringformeln (Haworth-Formeln) 142
20.5 Disaccharide 143

20.5.1 Saccharose 144
20.5.2 Lactose 144
20.5.3 Maltose 145
20.6 Polysaccharide 145
   20.6.1 Stärke 145
   20.6.2 Glycogen 145
   20.6.3 Cellulose 145
20.7 Aminosäuren (AS) 146
   20.7.1 AS mit unpolaren Substituenten 147
   20.7.2 AS mit polaren Substituenten 147
   20.7.3 AS mit von Carbonsäuren abgeleiteten Subtituenten 148
   20.7.4 AS mit basischen Substituenten 148
   20.7.5 Peptidbindung 149
20.8 Fette 149
20.9 Übungsaufgaben 151

21. Lösungen der Aufgaben
21.1 Zum Kapitel 1 153
21.2 Zum Kapitel 2 153
21.3 Zum Kapitel 3 154
21.4 Zum Kapitel 4 155
21.5 Zum Kapitel 5 155
21.6 Zum Kapitel 6 156
21.7 Zum Kapitel 7 156
21.8 Zum Kapitel 8 156
21.9 Zum Kapitel 9 157
21.10 Zum Kapitel 10 158
21.11 Zum Kapitel 11 158
21.12 Zum Kapitel 12 159
21.13 Zum Kapitel 13 161
21.14 Zum Kapitel 14 162
21.15 Zum Kapitel 15 163
21.16 Zum Kapitel 17 163
21.17 Zum Kapitel 18 165
21.18 Zum Kapitel 19 166
21.19 Zum Kapitel 20 167

Kapitel 1

Der Atombau - eine Modellvorstellung

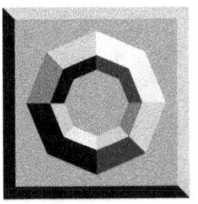

Die Atome sind die kleinsten Masseteilchen der Elemente, die noch die Eigenschaften des jeweiligen Elements aufweisen. Sie sind auf chemischem Weg nicht teilbar.

Nach E. Rutherford (1911) besteht jedes Atom aus **Atomkern** und **Elektronenhülle**. Die Elektronenhülle besteht aus Elektronen, die den Atomkern umkreisen.

Elektronen tragen eine negative Elementarladung und haben eine äußerst geringe Masse ($^1/_{1836}$ der Masse des Wasserstoffkerns). Die **Masse** eines Atoms ist fast vollständig im Kern konzentriert.

Zwischen dem Atomkern und den Elektronen bestehen sehr große Abstände. Der Durchmesser eines Atoms, d.h. der Durchmesser der Elektronenhülle eines Atoms liegt in der **Größenordnung** von 10^{-10} m. Der Durchmesser eines Atomkerns liegt dagegen in der Größenordnung von 10^{-15} m, er beträgt also nur etwa $^1/_{100000}$ Atomdurchmessers.

1.1 Der Atomkern

Die Atomkerne bestehen aus zwei Arten von **Nukleonen** (Kernbausteine), die nahezu massegleich sind: den **Protonen** und den **Neutronen**.

Das Proton trägt eine positive Elementarladung. Das Neutron ist ungeladen. Die Atome eines Elements besitzen die gleiche Protonenzahl, die als **Ordnungszahl Z** (Kernladungszahl) bezeichnet wird und für jedes Element charakteristisch ist.

In jedem ungeladenen Atom ist die Anzahl der positiv geladenen Protonen gleich der Anzahl der negativ geladenen Elektronen.

Während die Anzahl der Protonen bei allen Atomen eines Elements gleich ist, kann die Anzahl der Neutronen unterschiedlich sein. Die Gesamtzahl der Nukleonen (Protonen+Neutronen) wird **Massenzahl A** genannt. Die Zahl der Neutronen ergibt sich somit zu (A-Z).

Der allgemeinere Begriff **Nuklid** kennzeichnet jede Atomkernart mit gegebener Massenzahl A und Ordnungszahl Z. Die Nuklide werden in der Schreibweise dadurch gekennzeichnet, dass die Massenzahl dem Elementsymbol als Superscript vorangestellt wird und die Ordnungszahl als Subscript angeführt wird (z.B. $^{12}_{6}C$).

Nuklide, die die gleiche Ordnungszahl besitzen und daher zum gleichen Element gehören, bezeichnet man als **Isotope**. Alle Isotope haben die gleichen chemischen Eigenschaften.

1.2 Die Elektronenhülle

Nach der Modelvorstellung von N. Bohr (1913) umkreisen Elektronen als Träger der negativen Ladung den Atomkern. Demnach bewegt sich jedes Elektron auf einer eigenen Bahn um den Kern. Gruppen von Elektronen mit ähnlichem Energiezustand bezeichnet man als **Elektronenschalen**. Die Elektronenschalen werden von innen nach außen nummeriert oder mit den Buchstaben K, L, M, N, O, P und Q bezeichnet. Die **maximale Besetzung** einer Elektronenschale beträgt $2n^2$, wobei n die Nummer der Elektronenschale (**Hauptquantenzahl**) ist. Demnach beträgt

- für die K-Schale (n=1) die maximale Elektronenzahl $2 \cdot (1)^2 = 2$,
- für die L-Schale (n=2) $2 \cdot (2)^2 = 8$, usw.

Die Elektronen der äußersten Schale eines Atoms werden **Valenzelektronen** genannt. Sie werden vom Kern am wenigsten fest gebunden und können daher relativ leicht abgespalten werden. Nur die Valenzelektronen werden bei einer chemischen Reaktion benötigt.

Die Belegung der jeweils äußersten Schale mit 8 Elektronen (erste Schale nur zwei) ist ein energetisch stabiler Zustand. Man nennt ihn **Edelgaskonfiguration**, da alle Edelgase (außer Helium) diese Zahl von Valenzelektronen aufweisen. Alle Atome sind bestrebt, diesen stabilen Zustand zu erreichen, was z.B. durch Aufnahme zusätzlicher Valenzelektronen von anderen Atomen oder durch Abgabe eigener Valenzelektronen erreicht werden kann.

Da Elektronen gleichzeitig Teilchen- und Welleneigenschaften haben, reicht das Bohrsche Atommodel nicht aus, um den Wellencharakter der Elektronen zu beschreiben. Dies ist mit Hilfe der **Schrödinger-Gleichung** möglich. Sie vereinigt die von Bohr geforderte Quantenbeschränkung der Energie des Elektrons mit seiner Beschreibung als Welle. Mit Hilfe der Schrödinger-Gleichung lässt sich eine Funktion ableiten, die das Elektron als Energiewelle oder als eine Wolke negativer Ladung mit unterschiedlicher Ladungsverteilung beschreibt. Die Lösungsfunktionen dieser Gleichung (Wellenfunktionen) geben die **Wahrscheinlichkeit** an, mit der ein Elektron in einer bestimmten Entfernung vom Kern anzutreten ist.

Dieser Aufenthaltswahrscheinlichkeitsraum der Elektronen wird als **Orbital** bezeichnet.

Die Orbitale müssen mathematisch bestimmte Bedingungen erfüllen, um physikalisch sinnvoll zu sein.

1.3 Quantenzahlen

Die Gliederung der Elektronen in Orbitale erfolgt durch die Quantenzahlen.

- **N (Hauptquantenzahl** $n = 1, 2, 3, ...\ n)$ (Schalennummer, Periodennummer) beschreibt Energie und Ausdehnung eines Orbitals (relative Entfernung des Elektrons vom Kern).
- **L (Nebenquantenzahl** $l = 0, 1, 2 ...\ n-1)$ beschreibt die Symmetrie eines Orbitals. Sie wird durch die Buchstaben **s** (l=0), **p** (l=1), **d** (l=2) und **f** (l=3) gekennzeichnet.
- **M (magnetische Quantenzahl** $m = +l, +(l-1), ... 0, ... -(l-1), -l)$ beschreibt die räumliche Orientierung eines Orbitals.
- **S (Spinquantenzahl** $s = +½, -½)$ beschreibt den Eigendrehimpuls eines Elektrons.

Jedes Elektron kann demnach durch die vier Quantenzahlen beschrieben werden.

1.4 Pauli-Prinzip

Die Elektronen in einem Atom müssen sich in mindestens einer der vier Quantenzahlen unterscheiden.

1.5 Hundsche Regel

Beim Auffüllen der Atomhülle werden die Orbitale mit den gleichen Quantenzahlen n, l und m zunächst mit je einem Elektron besetzt; erst wenn alle Orbitale einfach besetzt sind, werden die Orbitale mit Elektronen von entgegengesetztem Spin aufgefüllt. Das entspricht dem niedrigsten Energiezustand des Atoms. Beim Auffüllen der d- und f-Orbitale mit Elektronen nehmen **halbbesetzte Orbitale** eine Sonderstellung ein als energetisch besonders stabil. Entsprechendes gilt für die **Vollbesetzung**.

1.6 Elektronenkonfiguration

Die Besetzung der Orbitale kann durch Elektronenkonfiguration wiedergegeben werden. Beim Auffüllen der Orbitale soll man mit dem energieärmsten 1s-Orbital beginnen sowie das Pauli-Prinzip und Hundsche Regel beachten.

Kapitel 1

In der Schreibweise wird als erstes die Hauptquantenzahl, dann die Nebenquantenzahl und dann die Anzahl der Elektronen, die sich in dem jeweiligen Orbital befinden, als Exponent dargestellt.

Beispiele
$_6$C: $1s^2\ 2s^2\ 2p^2$
$_{11}$Na: $1s^2\ 2s^2\ 2p^6\ 3s^1$
$_{15}$P: $1s^2\ 2s^2\ 2p^6\ 3s^2\ 3p^3$
$_{20}$Ca: $1s^2\ 2s^2\ 2p^6\ 3s^2\ 3p^6\ 4s^2$
$_{35}$Br: $1s^2\ 2s^2\ 2p^6\ 3s^2\ 3p^6\ 3d^{10}\ 4s^2\ 4p^5$

Um die Reihenfolge der Niveaubesetzung behalten zu können, werden zahlreiche Gedächtnisstützen vorgeschlagen. Eine dieser Methoden ist in der Abbildung dargestellt.

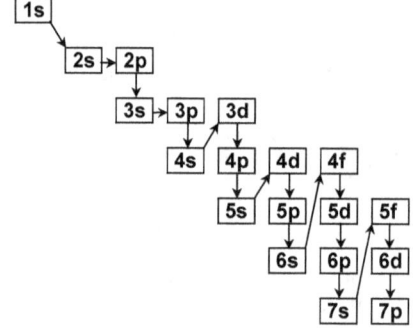

1.7 Elektronegativität

Die Elektronegativität (EN) kennzeichnet das Bestreben der Atome eines Elements, Elektronen anzuziehen. Elemente mit geringer Elektronegativität geben relativ leicht Elektronen ab. Elemente mit hoher Elektronegativität bauen leicht Elektronen in ihre äußere Schale ein. Willkürlich wird die Elektronegativität des elektronegativsten Element Fluor gleich 4 gesetzt. Die Elektronegativität nimmt innerhalb einer Gruppe ab und innerhalb einer Periode (von links nach recht) zu.

H = 2,2							
Li = 1,0	Be = 1,6	B = 2,0	C = 2,6	N = 3,0	O = 3,4	F = 4,0
Na = 0,9	Mg = 1,3	Al = 1,6	Si = 1,9	P = 2,2	S = 2,6	Cl = 3,2
K = 0,8						Br = 3,0
						I = 2,7

1.8 Übungsaufgaben

1. Aus welchen Elementarteilchen (Baueinheiten) ist ein Atom aufgebaut? Beschreiben Sie die Eigenschaften der einzelnen Elementarteilchen.

2. Wie viele Neutronen besitzen die am häufigsten vorkommenden Isotope folgender Elemente: Fluor, Argon, Eisen, Gold, Chlor?

3. Wie viele Neutronen enthält das Kohlenstoff-Isotop $^{13}_{6}C$?
   (A) 4
   (B) 6
   (C) 12
   (D) 13
   (E) keine der Alternativen trifft zu.

4. Welche der folgenden Aussagen über das Teilchen $^{39}_{19}K^+$ trifft nicht zu?
   (A) Die relative Atommasse beträgt 39.
   (B) Im Atomkern sind 19 Protonen.
   (C) Im Atomkern sind 20 Neutronen.
   (D) in der Elektronenhülle sind 19 Elektronen.
   (E) Die Elektronenkonfiguration ist $1s^2\,2s^2\,2p^6\,3s^2\,3p^6$.

5. Was haben die Elemente einer Gruppe und einer Periode gemeinsam und worin unterscheiden sie sich?

6. Was haben die Nebengruppenelemente gemeinsam?
   (A) Sie sind alle Metalle.
   (B) Sie stimmen in der Elektronenkonfiguration überein.
   (C) In der äußeren Schale werden d-Orbitale aufgefüllt.
   (D) In der äußeren Schale werden p-Orbitale aufgefüllt.
   (E) Sie sind biochemisch ohne Bedeutung.

7. Welches der folgenden Atome hat die höchste Elektronegativität?
   (A) H
   (B) N
   (C) C
   (D) Li
   (E) Na

Kapitel 2
Chemische Bindung

2.1 Ionenbindung

Die Ionenbindung ist die elektrostatische Anziehung zwischen entgegengesetzt **geladenen Ionen**. Sie ist ungerichtet. Gitterenergie beträgt ca. 700 - 2000 kJ/mol und hängt von der Ladungsdichte der Ionen ab.

Positive Ionen werden als **Kationen**, negative als **Anionen** bezeichnet. So wird z.B. bei der Reaktion eines Natriumatoms mit einem Chloratom ein Elektron von Natrium auf Chlor übertragen:

$$Na + Cl \rightarrow Na^+ + Cl^-$$

Die Elektronenkonfiguration des Natriums ist $1s^2 2s^2 2p^6 3s^1$ und die des Chlors $1s^2 2s^2 2p^6 3s^2 3p^5$. Nach der Reaktion erreichen beide die Edelgaskonfiguration (Na^+: $1s^2 2s^2 2p^6$; Cl^-: $1s^2 2s^2 2p^6 3s^2 3p^6$).

Wenn Sauerstoff eine ionische Reaktion eingeht, nimmt jedes Sauerstoffatom ($1s^2 2s^2 2p^4$) zwei Elektronen auf und erreicht damit Neon-Konfiguration ($1s^2 2s^2 2p^6$) Das Oxidion trägt die Ladung -2.

Bei Reaktion von Natrium mit Sauerstoff werden für jedes einzelne Sauerstoffatom zwei Natriumatome benötigt, weil die Anzahl der aufgenommenen Elektronen gleich der Anzahl der abgegebenen Elektronen sein muss:

$$2Na + O \rightarrow 2Na^+ + O^{2-}$$

Die Formel des Reaktionsprodukts (Natriumoxid) ist Na_2O. In der Formel zeigt der Index 2 für Natrium und der (nicht geschriebene) Index 1 für Sauerstoff das einfachste Verhältnis der in jedem Kristall dieser Substanz vorhandenen Ionen an.

Beispiel

Das Aluminiumatom besitzt 3 Valenzelektronen ($1s^2 2s^2 2p^6 3s^2 3p^1$), die es abgeben muss, um die Edelgaskonfiguration zu erreichen. Das Sauerstoffatom erreicht diese durch Aufnahme zweier Elektronen (s.o.). Da das kleinste gemeinsame Vielfache (von 2 und 3) 6 ist, müssen zwei Atome Aluminium mit drei Atomen Sauerstoff reagieren:

$$2Al + 3O \rightarrow 2Al^{3+} + 3O^{2-} \rightarrow Al_2O_3$$

Chemische Bindung

Einige der häufig auftretenden Ione sind in der Tabelle zusammengefasst.

Ion	Name	Ion	Name
H_3O^+	Hydronium	CH_3COO^-	Acetat
NH_4^+	Ammonium	CN^-	Cyanid
Fe^{2+}	Eisen(II)	SCN^-	Thiocyanat
Fe^{3+}	Eisen(III)	CO_3^{2-}	Carbonat
Cu^+	Kupfer(I)	NO_3^-	Nitrat
Cu^{2+}	Kupfer(II)	NO_2^-	Nitrit
Ag^+	Silber(I)	PO_4^{3-}	Phosphat
Co^{2+}	Kobalt(II)	SO_4^{2-}	Sulfat
Pb^{2+}	Blei(II)	SO_3^{2-}	Sulfit
F^-	Fluorid	ClO_4^-	Perchlorat
Cl^-	Chlorid	ClO_3^-	Chlorat
Br^-	Bromid	ClO_2^-	Chlorit
I^-	Jodid	ClO^-	Hypochlorit
O^{2-}	Oxid	$Cr_2O_7^{2-}$	Dichromat
S^{2-}	Sulfid	CrO_4^{2-}	Chromat
OH^-	Hydroxid	MnO_4^-	Permanganat

Die Ladungen der von Elementen abgeleiteten Ionen ergeben sich unmittelbar aus der elektronischen Struktur der Atome. Aus diesen ionischen Ladungen können Formeln abgeleitet werden, die darauf beruhen, dass die positive Gesamtladung einer Verbindung gleich der negativen Gesamtladung dieser Verbindung sein muss.

Die Namen der von den Elementen abgeleiteten **Kationen**, ergeben sich aus den Elementnamen, z.B. Kaliumion.

Wenn ein Element in der Lage ist, mehrere Kationen zu bilden, wird die Ionenladung in Klammern dem Namen des Metalls angefügt.

Die Namen der **Anionen** resultieren meistens aus dem verkürzten Elementnamen und Anfügung der Nachsilbe **-id** (z.B. Chlorid).

Die Klassifizierung sauerstoffhaltiger Anionen erfolgt durch Anfügung der Nachsilben **-at** für das meistens stabilere sauerstoffreichere und **-it** für das sauerstoffärmere Anion.

Kapitel 2

Es gibt Anionen, für die zwei Namen nicht ausreichen. Ein zusätzliches Sauerstoffatom kann durch das Präfix **per-** zum Ausdruck gebracht werden.

Beispiele
Chlorat ClO_3^-, Perchlorat ClO_4^-

Das Präfix **hypo-** wird benutzt, um ein Anion mit einem Sauerstoff weniger zu kennzeichnen.

Beispiele
Chlorit ClO_2^-, Hypochlorit ClO^-

2.2 Atombindung (kovalente Bindung)

Die Atombindung entsteht zwischen Atomen **ähnlicher Elektronegativität**. Bindende Wechselwirkung ist gerichtet (bestimmte Bindungslängen und Bindungswinkel). Die Bindungsenergie beträgt ca. 150 - 1000 kJ/mol und ist im Allgemeinen kleiner als die Gitterenergie von Ionenverbindungen.

Das Kennzeichen dieser Bindung ist, dass die Bindungselektronen den gebundenen Atomen gemeinsam angehören. Es treten keine Elektronenübergänge auf. Jedes der gebundenen Atome stellt ein Elektron zur Verfügung. Das Elektronenpaar wird von beiden Bindungspartnern gemeinsam benutzt. Dabei erhält jedes Atom für sich die Edelgaskonfiguration.

Das bindende Elektronenpaar befindet sich zwischen den Atomkernen. Die Stärke dieser Bindung resultiert aus der Anziehung zwischen den positiv geladenen Kernen und der negativen Elektronenwolke der Bindung.

Zur Wiedergabe der Elektronenverteilung in kovalenten Verbindungen gibt es ein einfaches Schema, das in den folgenden Valenzstrichformeln zum Ausdruck kommt:

H—H   Cl—Cl   O=C=O   N≡N

In diesen Formeln symbolisiert ein Strich zwischen den Atomen jeweils ein bindendes Elektronenpaar. Zwei Striche verkörpern eine Doppelbindung mit vier gemeinsamen Elektronen und drei Striche eine Dreifachbindung mit sechs gemeinsamen Elektronen.

Chemische Bindung

2.2.1 Polarisierte Atombindung

Verbinden sich zwei Elemente mit unterschiedlicher Elektronegativität, zieht das elektronegativere Element von beiden die bindenden Elektronen stärker zu sich hin. Das eine Ende des Moleküls erhält eine positive und das andere Ende eine negative **Partialladung**. Dabei bleibt das Molekül nach außen hin neutral. Man bezeichnet eine solche Bindung als polare Atombindung.

Positive Partialladungen werden in Zeichnungen durch δ+ gekennzeichnet, negative Partialladungen durch δ-.

$$\begin{array}{ccc} \delta+ \;\; \delta- & \delta+ \;\; \delta- & \overset{H}{\underset{H}{\overset{|}{H-\overset{\delta+}{C}-\overset{\delta-}{Cl}}}} \\ X-Y & H-Cl & \end{array}$$

X: kleinere Elektronegativität
Y: größere Elektronegtivität

2.2.2 Dipolmoleküle

Polarisierte Atombindungen können zur Folge haben, dass innerhalb eines Moleküls der Schwerpunkt der negativen Ladungen nicht mehr mit dem Schwerpunkt der positiven Ladungen zusammenfällt. Ein Molekül, das zwei entgegengesetzt geladene Seiten hat, wird als Dipolmolekül bezeichnet.

Ein wichtiges Dipolmolekül ist das Wassermolekül:

$$\overset{\delta-}{\underset{H \quad H}{\overset{\delta+ \;\; O \;\; \delta+}{}}}$$

Dieser Dipolcharakter kommt dadurch zustande, dass das Molekül gewinkelt ist. Auch das Ammoniak NH_3 bildet ein Dipolmolekül, da die drei Atombindungen polarisiert sind und die Schwerpunkte der positiven und der negativen Ladungen nicht zusammenfallen:

$$\overset{\delta-}{\underset{\underset{\delta+}{H}}{\overset{\delta+ \;\; N \;\; \delta+}{H \quad | \quad H}}}$$

Dagegen ist das Molekül Tetrachlormethans CCl_4 kein Dipolmolekül. Zwar sind die Atombindungen gleichfalls polarisiert, aber die Schwerpunkte der positiven und negativen Ladungen fallen zusammen.

2.3 Metallbindung

Metallatome haben eine so geringe Elektronegativität, dass sie ihre Valenzelektronen leicht abspalten. Die entstandenen Kationen (**Atomrümpfe**) sind von frei beweglichen Valenzelektronen umgeben (**Elektronengas**), von denen die Atomrümpfe zusammengehalten werden. Die Atomrümpfe bilden somit ein leicht verformbares Kristallgitter. Das Elektronengas ist der Träger der elektrischen Leitfähigkeit der Metalle.

2.4 Koordinative Bindung

Die koordinative Bindung stellt einen Sonderfall der kovalenten Bindung dar. Sie beruht auf gemeinsamen Elektronenpaaren, bei denen aber (im Gegensatz zu den einfachen Atombindungen) beide Elektronen meist vom gleichen Atom stammen. Dabei stellt ein Bindungspartner (**Donator**) ein Elektronenpaar, der andere (**Akzeptor**) ein freies Orbital zur Verfügung.

Bei der Komplexbildung von Metallkomplexen werden an ein Metallatom (das **Zentralion**) mehrere Anionen (z.B. Cl^-, OH^-, CN^-) und/oder Dipolmoleküle (z.B. H_2O, NH_3) angelagert. Diese werden als **Liganden** bezeichnet. Die Liganden sind in einer **Koordinationssphäre** um das Zentralkation angeordnet.

Bei den Formeln von Komplexverbindungen wird die Koordinationssphäre durch eckige Klammern zum Ausdruck gebracht.

Beispiele
$[Ag(NH_3)_2]^+$
$[Cu(NH_3)_4]^{2+}$
$[Fe(CN)_6]^{4-}$

Die Anzahl der Koordinationsplätze, die einem Zentralion zugeordnet sind, wird **Koordinationszahl** genannt.

Die Ladung eines Komplexes setzt sich aus der Summe der Ladungen aller Komplexpartner zusammen, wobei die Komplexe Kationen, Anionen oder neutrale Moleküle sein können.

Die bisher diskutierten Liganden können nur eine Bindung mit dem Zentralion bilden. Man bezeichnet sie als **einzähnige Liganden**.

Die **Zähnigkeit** ist die Zahl der vom Liganden zur Verfügung gestellten Elektronenpaaren.

So bezeichnet man Liganden mit zwei Bindungen, die von verschiedenen Stellen des Moleküls ausgehen, als **zweizähnig**.

Chemische Bindung

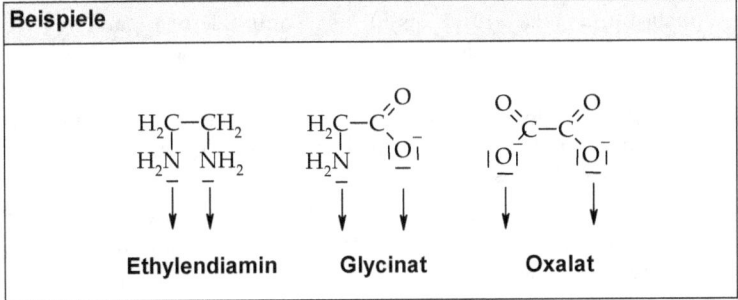

Metallkomplexe mit solchen Liganden nennt man **Chelatkomplexe** (griechisch: Krebsschere).

Im Allgemeinen sind Chelatkomplexe stabiler als Komplexe, die nur einzähnige Liganden enthalten. So ist der sechszähnige Komplexbildner (**Chelator**) Ethylendiamintetraessigsäure (EDTA, als Tetraacetat) in der Lage, mit einem Calciumion einen sehr stabilen Komplex zu bilden. Die Bindung erfolgt über die zwei Stickstoffatome und die vier negativ geladenen Sauerstoffatome:

2.4.1 Nomenklatur der Metallkomplexverbindungen

1. Wenn die Komplexverbindung ein Salz ist, wird das Kation zuerst benannt, unabhängig davon, ob es das Komplexion ist oder nicht.

2. Die Bestandteile des Komplexes werden in folgender Reihenfolge benannt: Anionen, neutrale Moleküle, zentrales Metallion.

3. Anionische Liganden erhalten die Endung **-o**, z.B. OH^- hydroxo, S^{2-} thio; Cl^- chloro, CN^- cyano; SCN^- thiocyanato.

4. Die Namen der neutralen Liganden werden nicht verändert. Ausnahmen: H_2O aquo, NH_3 ammin, CO carbonyl, NO nitrosyl.

5. Die Anzahl der Liganden eines bestimmten Typs wird durch Voranstellung eines Präfix zum Ausdruck gebracht: **di-, tri-, tetra-, penta-,** und **hexa-** (für 2 bis 6). Für komplizierte Liganden (wie Ethylendiamin) werden Präfixe **bis-, tris-, tetrakis-** (2 bis 4) verwendet.
6. Die Ladung des Zentralions wird durch eine in Klammern stehende römische Zahl angegeben und dem Namen des Komplexes nachgestellt.
7. Ist der Komplex ein Anion, so wird die Endung **-at** verwendet. Ist der Komplex ein Kation oder ein neutrales Molekül, dann ändert sich der Name nicht.

Beispiele
[Ag(NH$_3$)$_2$]Cl Diamminsilber(I)-chlorid
[Co(NH$_3$)$_3$Cl$_3$] Trichlortriamminkobalt(III)
K$_4$[Fe(CN)$_6$] Kaliumhexacyanoferrat(II)
[Ni(CO)$_4$] Tetracarbonylnickel(0)
[Cu(en)$_2$]SO$_4$ Bis(ethylendiamin)kupfer(II)-sulfat
[Co(NH$_3$)$_4$(H$_2$O)Cl]Cl$_2$ Chloraquotetramminkobalt(III)-chlorid

2.5 Zwischenmolekulare Kräfte

2.5.1 Wasserstoffbrückenbindung

Die intramolekularen Anziehungskräfte einiger wasserstoffhaltiger Verbindungen sind ungewöhnlich hoch. Die Größenordnung beträgt ca. 20 kJ/mol.

Diese Anziehungskräfte treten in Verbindungen auf, in denen Wasserstoff an stark elektronegative Elemente (N, O, F, Cl) gebunden ist. In diesen Verbindungen werden die Bindungselektronen von den elektronegativen Elementen so stark angezogen, dass im Wasserstoffatom eine partielle positive Ladung entsteht. Der Wasserstoff in einem Molekül und ein ungepaartes Elektronenpaar des elektronegativen Atoms eines anderen Moleküls ziehen sich gegenseitig unter Bildung einer Wasserstoffbrückenbindung an.

Chemische Bindung

Wegen seiner geringen Größe ist jedes H-Atom nur zu einer Wasserstoffbrückenbindung befähigt.

$$H-F\cdots H-F\cdots \quad H-\underset{H}{\overset{|}{O}}\cdots H-\underset{H}{\overset{|}{O}}\cdots \quad H-\underset{H}{\overset{H}{\underset{|}{N}}}\cdots H-\underset{H}{\overset{H}{\underset{|}{N}}}\cdots$$

2.5.2 Van-der-Waals-Kräfte

Aufgrund der temporären ungleichen Verteilungen von Elektronendichten entstehen induzierte Dipol-Dipolwechselwirkungen zwischen Teilchen. So kann zu einem Augenblick ein Teil eines sonst neutralen Moleküls eine sehr kleine negative Ladung erlangen, weil es eine etwas über dem Durchschnitt liegende Elektronenkonzentration aufweist. Im nächsten Augenblick kann jedoch derselbe Molekülteil aufgrund einer leichten Elektronenverarmung relativ positiviert sein. Solche kurzlebigen Dipole bewirken eine Polarisierung der Nachbarteilchen, was zur Folge hat, dass zwischen den entgegengesetzt geladenen Polen der kurzlebigen Dipole Anziehung auftritt, was man als Van-der-Waalssche Bindung bezeichnet. Van-der-Waals-Kräfte (Bindungen) hängen von der Polarisierbarkeit der Partikel ab. Ein gutes Beurteilungskriterium für die relative Größe der Van der Waals Kräfte ist die Gesamtelektronenzahl der jeweiligen Moleküle. Je größer das Elektronensystem eines Partikels ist, umso "gewichtiger" kann auch die Elektronenverschiebung werden. Damit werden die Partialladungen δ+ und δ- betragsmäßig umso größer, je mehr Elektronen das Partikel aufweist.

Die Van-der-Waals-Wechselwirkungen sind für die Löslichkeit unpolarer Stoffe in unpolaren Lösungsmitteln verantwortlich.

2.6 Übungsaufgaben

1. Wie erreichen folgende Atome Edelgaskonfiguration:
   Kalium, Aluminium, Schwefel, Brom, Calcium?
   Geben Sie die entsprechenden Ionengleichungen an.

2. Wie lauten die Summenformeln folgender Verbindungen in Ionenschreibweise?
   a) Calciumfluorid
   b) Magnesiumbromid
   c) Kohlendioxid
   d) Eisen(II)-oxid

e) Kupfer(I)-oxid
f) Silberchlorid
g) Natriumsulfid

3. Benennen Sie die folgenden Verbindungen mit ihrem Systemnamen:
$CaCl_2$, $CuSO_4$, Cu_2O, $Al(OH)_3$, KNO_3, Al_2O_3, $AgNO_3$, K_3PO_4, K_2CrO_4, FeO, $Pb(CH_3COO)_2$, $(NH_4)_2Cr_2O_7$, CaF_2, Fe_2O_3, CuO, $K_4[Fe(CN)_6]$, $CaHPO_4$

4. Welches Atom bzw. Ion der folgenden Paare ist das größere:
a) Na oder K
b) Cl^- oder Br^-
c) P oder Cl
d) Na oder Mg
e) Mg oder Mg^{2+}
f) S oder S^{2-}
g) Na^+ oder Cl^-
h) Pb^{2+} oder Pb^{4+}

5. Welche Moleküle haben Ionen-, welche Atombindung?
a) CH_4
b) $CaCl_2$
c) Al_2O_3
d) CO_2
e) NaF
f) H_2S
g) HCl
h) KBr
i) Fe_2O_3
k) NH_3
l) SO_2

6. Welcher Bindungstyp liegt in O_2 vor?
(A) Komplexbindung
(B) kovalente Bindung
(C) Ionenbindung
(D) koordinative Bindung
(E) Metallbindung

7. Ordnen Sie die Bindungen nach zunehmender Polarität:
C-H; C-Cl; C-O; C-C.

8. Vergleichen Sie die Moleküle Br_2 und H_2 hinsichtlich freier Elektronenpaare.

9. Wie viele bindende und freie Elektronenpaare haben H_2O, NH_3 und CH_4?

10. Wo sind die Kräfte zwischen den Stoffteilchen größer, im NaCl oder im H_2O?

Chemische Bindung

11. Welche Aussage zu nachstehendem Metallkomplex trifft nicht zu?
$[Cu(en)_2]^{2+}$ Bis(ethylendiamin)kupfer(II)-Komplex

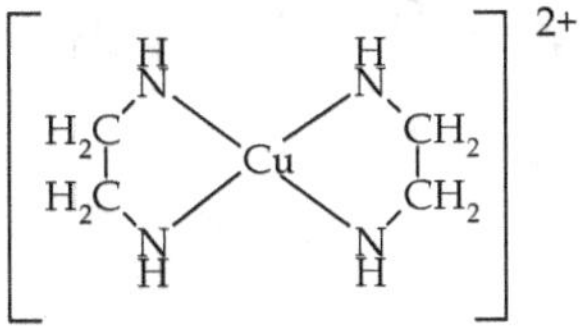

$$\left[\begin{array}{c} H_2C\overset{H}{\underset{N}{\diagup}}\overset{H}{\underset{N}{\diagdown}}CH_2 \\ H_2C\underset{N}{\diagdown}\underset{N}{\diagup}CH_2 \\ \overset{H}{}\overset{H}{} \end{array} \right]^{2+}$$

(A) Es handelt sich um einen Chelatkomplex.
(B) Das Zentralion hat die Koordinationszahl 4.
(C) Der Chelator ist vierzähnig.
(D) Der Komplex besitzt die Ladung +2.
(E) Ethylendiamin-Moleküle bilden die Liganden.

12. Benennen Sie die folgenden Komplexverbindungen:
a) $Na_4[Fe(CN)_5(NO_2)]$
b) $Na_5[Fe(CN)_5(SO_3)]$ (der Ligand SO_3^{2-} heißt "sulfito")

13. Welche Formel hat der Komplex Diammindichloroplatin(II)?

14. Sind Cyanidionen CN^- zweizähnige Liganden?

15. Wie viele Elektronenpaare kann Cu^{2+} koordinativ binden?

Kapitel 3
Stoffmengen

Jedes Atom besitzt eine bestimmte Masse. Die Masse eines einzelnen Atoms ist sehr gering (10^{-24} - 10^{-22} g). Deswegen ist für chemische Rechnungen nicht die Masse eines Atoms, sondern das Verhältnis, das zwischen den Massen verschiedener Atome besteht, besonders von Bedeutung.

Dieses Verhältnis wird als **(relative) Atommasse** bezeichnet und gibt an, wie groß die Masse eines bestimmten Atoms dieses Elements im Vergleich zu einem Zwölftel der Masse des Kohlenstoffisotops ^{12}C ist.

Präzise Werte der relativen Atommassen sind im Periodensystem unter dem jeweiligen Elementsymbol zu finden.

Für chemische Verbindungen verwendet man statt Atommassen sogenannte **Molekülmassen** (Molekulargewichte).

Diese ergeben sich durch Addition aus den Atommassen der am Aufbau des Moleküls beteiligten Elemente.

Beispiel	
Chlorwasserstoff HCl	
Atommasse des Wasserstoffs	1,008
Atommasse des Chlors	35,45
Molekülmasse des Chlorwasserstoffs	36,458

Bei chemischen Umsetzungen reagiert jeweils eine außerordentlich große Anzahl an Atomen, Molekülen oder Ionen miteinander. Es hat sich daher als zweckmäßig erwiesen, neben der Masse noch eine andere Mengenvariable zu benutzen.

Um die quantitativen Beziehungen zwischen dem Bereich der Atome und Moleküle und dem Bereich der messbaren Mengen erfassen zu können, wurde der **Mol**-Begriff als **Stoffmenge** eingeführt.

1 mol ist die Stoffmenge, die soviel elementare Teilchen enthält, wie in 12 g der Kohlenstoffisotops ^{12}C enthalten sind. (Avogadro-Zahl: $6,02 \cdot 10^{23}$)

Mit anderen Worten: 1 mol eines Stoffes ist die Menge in Gramm, die von der relativen Atom- bzw. Molekülmasse zahlenmäßig angegeben wird.

Stoffmengen

Beispiele
1 mol Kohlenstoff C = 12 g
1 mol Wasser H$_2$O = 18 g
1 mol Wasserstoff H$_2$ = 2 g

Bei chemischen Reaktionen setzen sich die beteiligten Stoffe im Verhältnis ganzzahliger Stoffmengen um, die durch die Koeffizienten der chemischen Gleichungen angegeben werden. Da nicht die Stoffmengen, sondern die Massen der reagierenden Stoffe einer unmittelbaren Messung zugänglich sind, ist der Zusammenhang zwischen den beiden Größen sehr wichtig.

$$n = \frac{m}{M}$$

n - Stoffmenge [mol]

m - Masse [g]

M - molare Masse [g/mol]

Die Definition des Mol erlaubt die Einführung der **molaren Masse**, dies ist die Masse von 1 mol eines Stoffes mit der Einheit g/mol.

Beispiel
Wie viel mol sind 4 g NaOH?

• NaOH besteht aus:
  1 · Na → 23 g
  1 · O → 16 g
  1 · H → 1 g
  Summe: 40 g (1 mol)

• M (NaOH) = 40 g/mol
• n = m/M = 4/40 = 0,1 mol

Gase zeigen im Gegensatz zu Flüssigkeiten und Festkörpern aufgrund ihrer thermischen Ausdehnung eine starke Volumenabhängigkeit von Druck und Temperatur. Eine wichtige Gesetzmäßigkeit hinsichtlich des Verhaltens der Gase wurde von Avogadro (1811) formuliert:

Gleiche Volumina aller Gase enthalten unter gleichen Bedingungen (Temperatur und Druck) die gleiche Anzahl von Molekülen.

Zwischen Gasmolekülen treten nur sehr kleine Anziehungskräfte auf. Streng genommen trifft diese Voraussetzung nur für den Modellfall des "**idealen Gases**" zu (punktförmige Gasteilchen, kleine Kraftwirkungen, ideal elastische Stöße). Je geringer der Druck und je höher die Temperatur über dem Siedepunkt des jeweiligen Stoffes liegt, umso genauer stimmt das Verhalten der jeweiligen Gase mit dem des idealen Gases überein.

Kapitel 3

Für das ideale Gas gilt die **allgemeine Zustandgleichung** der Gase.

$P \cdot V = n \cdot R \cdot T$
n- Stoffmenge des Gases
P - Druck
V - Volumen
T- Temperatur
R- allgemeine Gaskonstante

Im Internationalen Einheitensystem hat die Gaskonstante R einen Wert von 8,31 J·K^{-1}·mol^{-1}. Dabei müssen Druck in Pascal, das Volumen in Kubikmeter und die Temperatur in Kelvin eingesetzt werden.

Die Stoffmenge kann durch m/M ersetzt werden:

$$PV = \frac{m}{M} \cdot RT$$

Daraus lässt sich die **Gasdichte** ρ unmittelbar ermitteln:

$$\rho = \frac{m}{V} = \frac{PM}{RT}$$

Das Volumen, das 1 mol Gas einnimmt, wird als **molares Volumen** bezeichnet. Dies beträgt unter Normalbedingungen bei 0° C (273 K) und 1,013 bar (1 atm) **22,4 Liter**.

3.1 Übungsaufgaben

1. Berechnen Sie die Molmassen folgender Verbindungen: H_3PO_4, HCl, NaCl, P_2O_5, NO_2, $PbSO_4$, MgO.

2. Wie viel Gramm Kupfer enthalten 2 mol Kupfer(I)oxid? (Atommassen: Cu = 64; O = 16)
(A) 256 g
(B) 128 g
(C) 64 g
(D) 144 g
(E) 80 g

3. Welche Masse hat 1 mol des Haushaltszuckers, der die Summenformel $C_{12}H_{22}O_{11}$ hat?

4. Wie viel Mol sind
a) 25 g $CuSO_4 \cdot 5H_2O$
b) 25 g $CuSO_4$
c) 25 g Cu^{2+}?

5. Wie viel mol und wie viele Moleküle befinden sich in 10 g der folgenden Verbindungen:
a) H_2
b) H_2O
c) NH_3
d) CH_4

Stoffmengen

6. a) Wie viel Gramm H_2S sind in 0,5 mol H_2S enthalten?
b) Wie viel mol an H und S sind in 0,5 mol H_2S enthalten?
c) Wie viel Gramm an H und S sind in 0,5 mol H_2S enthalten?
d) Wie viele H_2S-Molekülen sind in 0,5 mol H_2S enthalten?

7. a) Wie viel mol Fe und S enthalten 100 mol FeS_2?
b) Wie viel mol Fe und S enthalten 100 g FeS_2?
c) Wie viel Gramm Schwefel sind in 100 g FeS_2 enthalten?

8. Welches Endgewicht erreichen 250 g Kupfervitriol ($CuSO_4 \cdot 5H_2O$) nach dem Trocknen? Wie viel mol Wasser sind in 100 g Ausgangssubstanz enthalten? Welches Volumen nimmt dieses Wasser als Gas ein?

9. Eine Verbindung enthält 36,76% Fe, 21,11% S und 42,13% O. Berechnen Sie die Summenformel der Verbindung.

10. Berechnen Sie das Molekulargewicht eines Gases, das bei 90° C eine Dichte von 0,743 g/l und einen Druck von 0,8 bar besitzt. ($R = 0,0831\ l \cdot bar \cdot K^{-1} \cdot mol^{-1}$)

11. 623 ml eines Gases üben bei 27° C einen Druck von 1 bar und wiegen 1,6 g. Wie groß ist das Molekulargewicht des Gases?

12. Berechnen Sie das von 5,5 g Kohlendioxid bei Normalbedingungen eingenommene Volumen.

13. Welches Volumen nehmen 12 g Sauerstoff bei 112° C und 1 bar ein? ($R = 0,0831\ l \cdot bar \cdot K^{-1} \cdot mol^{-1}$)

14. Ein zweiatomiges Gas hat bei 100° C und bei 2 bar Druck eine Dichte von 2,065 g/l. ($R = 0,0831\ l \cdot bar \cdot K^{-1} \cdot mol^{-1}$). Welches Molekulargewicht hat das Gas? Um welches zweiatomige Gas handelt es sich dabei?

15. Wie viele Moleküle enthalten 2,0 l H_2 bei 100° C und 101,3 kPa? ($R = 8,31\ l \cdot kPa \cdot K^{-1} \cdot mol^{-1}$)

Kapitel 4
Konzentrationsangaben von Lösungen

Die Konzentration von Lösungen wird in unterschiedlicher Weise angegeben.

4.1 Massenprozent

Massenprozente beziehen sich auf die Masse des gelösten Stoffes in 100 Masseneinheiten der Lösung. Zur Angabe der Konzentration in Massenprozenten wird die Masse des gelösten Stoffes mit 100 multipliziert und durch die Gesamtmasse der Lösung dividiert.

Beispiel
Eine 25%-ige Kochsalzlösung enthält in 100 g Lösung 25 g Natriumchlorid und 75 g Wasser.

4.2 Volumenprozent

Volumenprozente beziehen sich auf das Volumen des gelösten Stoffes in 100 Volumeneinheiten der Lösung.

Beispiel
100 cm^3 eines 40%-igen Trinkbranntweins enthalten 40 cm^3 Ethanol.

4.3 Molenbruch

$$X = \frac{n_1}{n_1 + n_2}$$

X - Molenbruch

n_1 - Stoffmenge des gelösten Stoffes

n_2 - Stoffmenge des Lösungsmittels

Der Molenbruch einer Komponente in einer Lösung entspricht dem Quotienten aus der Molzahl dieser Komponente und der Gesamtzahl aller Komponenten in der Lösung.

Beispiel
In einer Lösung aus 2 mol Ethanol und 8 mol Wasser ist der Molenbruch des Alkohols 2:(2+8)=0,2 und der Molenbruch des Wassers 8:(2+8)=0,8

Konzentrationsangaben von Lösungen

4.4 Molarität (molare Konzentration)

Molarität ist die Stoffmenge (in mol) des gelösten Stoffes in einem Liter Lösung (Einheit: mol/l).

$$c_M = \frac{n}{V}$$

c_M - Molarität
n - Stoffmenge
V - Volumen

Beispiel

Eine Salzsäure, die in 100 ml 365 mg Chlorwasserstoff enthält, ist 0,1 molar (auch 0,1 M geschrieben): m=0,365 g, M=36,5 g/mol, V=0,1 l
⇨ c_M=0,1 mol/l.

4.5 Molalität

Die Molalität einer Lösung entspricht der Stoffmenge (in mol) der gelösten Substanz pro 1000 g Lösungsmittel.

Beispiel

Eine 1 molale wässrige H_2SO_4-Lösung wird hergestellt, indem man 1 mol (98 g) H_2SO_4 zu 1000 g Wasser gibt.

Lösungen gleicher Molalität besitzen dieselben Molenbrüche der gelösten Substanz und des Lösungsmittels.

4.6 Normalität

Die Normalität ist z.B. bei der Titration ein gebräuchliches Konzentrationsmaß.

$$c_N = c_M \cdot W$$

Die stöchiometrische **Wertigkeit** eines Elements gibt an, mit wie vielen einwertigen Atomen sich ein Atom dieses Elements verbindet.

c_N - Normalität
c_M - Molarität
W - Wertigkeit

Dabei werden als einwertig alle die Elemente bezeichnet, deren Atome (in binären Verbindungen) nie mit mehr als einem Atom eines anderen Elements verbunden sind. Das ist z.B. beim Wasserstoff der Fall. Die stöchiometrische Wertigkeit wird daher vielfach auch darauf bezogen, mit wie viel Wasserstoffatomen sich ein Atom des betreffenden Elements verbindet.

Beispiele

Im Chlorwasserstoff HCl ist Chlor einwertig.
Im Wasser H_2O ist Sauerstoff zweiwertig.
Im Ammoniak NH_3 ist Stickstoff dreiwertig.

Kapitel 4

Die Wertigkeit von Sauerstoff ist stets zwei (außer bei Peroxiden). So kann die Wertigkeit von anderen Elementen z.B. in Oxiden berechnet werden.

Beispiele
CuO, Kupfer ist zweiwertig;
Al_2O_3, Aluminium ist dreiwertig.

Viele Schwermetalle, wie Kupfer, Blei, Mangan, Eisen u.a., können mehrere Wertigkeiten haben (multiple Proportionen). Daher wird bei diesen Metallen die Wertigkeit im Namen der Verbindung als nachgestellte römische Zahl angegeben.

Beispiele
Blei (IV)-oxid PbO_2
Eisen (III)-chlorid $FeCl_3$
Eisen (II)-sulfat $FeSO_4$
Mangan (IV)-oxid MnO_2 usw.

Bei Säure-Base-Reaktionen versteht man unter der Wertigkeit die Anzahl der Protonen bzw. OH^--Ionen, die ein Stoff bei solcher Reaktion zur Verfügung stellt.

Beispiele
1 molare Salzsäure HCl ist 1 normal, da Wertigkeit 1.
1 molare Schwefelsäure H_2SO_4 ist 2 normal, da Wertigkeit 2.

Für die Berechnung der Normalität der Lösung bei Redox-Reaktionen kann man anstelle von Wertigkeit die Anzahl der übertragenen (abgegebenen bzw. aufgenommenen) Elektronen verwenden.

4.7 Dichte

$$\rho = \frac{m}{V}$$

ρ - Dichte
m - Masse
V - Volumen

Für jede Lösung besteht ein Zusammenhang zwischen Konzentration und Dichte. Als Dichte bezeichnet man die Masse eines Stoffes je Volumeneinheit.

Die SI-Einheit der Dichte ist kg/m^3

$1 kg/m^3 = 1 g/dm^3 \equiv 1 g/l$

Gebräuchlich ist weiterhin die Angabe Gramm je Kubikzentimeter:

$1 g/cm^3 = 1 kg/dm^3 \equiv 1 kg/l$

4.8 Übungsaufgaben

1. Wie viel Gramm Kupfer enthalten 25 ml einer 5%-igen $CuSO_4$-Lösung, deren Dichte 1,03 g/ml beträgt?

2. Wie viel Massenprozent Ethanol (CH_3CH_2OH) sind in einem Gemisch aus 2 mol Ethanol und 50 mol Wasser enthalten?

3. Wie viel Gramm $CaCl_2$ sind zur Herstellung von 750 ml einer 0,15 M $CaCl_2$-Lösung notwendig?

4. Wie viel Gramm $MgCl_2$ enthalten 50 ml einer Lösung mit einer Konzentration von 0,15 mol/l?

5. Eine 10%-ige Lösung $AgNO_3$ hat eine Dichte von 1,09 g/ml. Berechnen Sie
   a) ihre Molarität;
   b) ihre Molalität.

6. Konzentrierte Lösung von Salpetersäure enthält 69% HNO_3 und hat eine Dichte von 1,41 g/cm³. Wie viel ml dieser Lösung braucht man, um 100 ml einer 6 molaren Lösung herzustellen?

7. Die Analyse einer Lösung von Natriumsulfid ergibt, dass 1 ml Lösung 2,6 mg Natriumionen enthält. Wie hoch ist die Molarität dieser Ionen in der Lösung?

8. Wie groß ist die Molarität einer 20%-igen Schwefelsäure, wenn die Dichte dieser Lösung 1,14 g/ml beträgt?

Kapitel 5

Reaktionsgleichungen

Jede chemische Reaktion kann durch eine chemische Gleichung wiedergegeben werden.

In der anorganischen Chemie lassen sich Reaktionsgleichungen in folgende Typen unterteilen:

5.1 Säure-Base-Reaktionen

Reaktionen von Säuren und Basen scheinen nur einen begrenzten Teil chemischer Reaktionen zu bilden. Dennoch lassen sich fast alle Reaktionen der anorganischen Verbindungen (abgesehen von eigentlichen Komplex- und Redoxreaktionen) unter dem obigen Sammelbegriff unterbringen, je nachdem wie der Begriff "Säure" bzw. "Base" definiert wird.

Beispiel

$3NaOH + H_3PO_4 \rightarrow Na_3PO_4 + 3H_2O$

5.2 Fällungs-Reaktionen (Doppelte Umsetzungen)

Bei diesem Reaktionstyp reagieren zwei Salze miteinander, wobei es infolge des Kationen- und Anionenaustausches zur Bildung einer schwerlöslichen Verbindung kommt.

Beispiel

$BaCl_2 + Na_2SO_4 \rightarrow BaSO_4\downarrow + 2NaCl$

5.3 Komplexbildung

Beispiel

$CuSO_4 + 4NH_3 \rightarrow [Cu(NH_3)_4]SO_4$

5.4 Redox-Reaktionen

Beispiel
$N_2 + 3H_2 \rightarrow 2NH_3$

Der letzte Reaktionstyp wird im Kapitel 9 detaillierter betrachtet.

5.5 Chemische Formeln und Gleichungen

Die Symbole und Formeln der Elemente und Verbindungen, die an einer Reaktion beteiligt sind, werden so aufgeschrieben, dass links die Ausgangsstoffe (**Edukte**) stehen und rechts die gebildeten Stoffe (**Produkte**). Die Richtung der Reaktionen wird durch einen Pfeil markiert.

Für alle Reaktionsgleichungen gilt:

- In einer chemischen Gleichung muss die Summe der Atome eines jeden Elements auf beiden Seiten gleich sein (**Massenbilanz**).
- Die Summe der Ladungen auf der linken und rechten Seite muss gleich sein (**Ladungsbilanz**).

Bei chemischen Reaktionen, an denen mehrere gleiche Moleküle teilnehmen, wird die Anzahl dieser Moleküle in den Gleichungen mit Hilfe von Koeffizienten angegeben.

Die Koeffizienten dürfen nicht mit den Atommultiplikatoren (tiefgestellten Zahlen, auch Indizes genannt) verwechselt werden.

Koeffizienten beziehen sich auf die gesamte Formel, vor der sie stehen.

Beispiel
$2NH_3$ heißt: zwei Moleküle Ammoniak; das sind zusammen zwei Atome Stickstoff und sechs Atome Wasserstoff.

Atommultiplikatoren (**Indizes**) beziehen sich jeweils auf das Atom, hinter dessen Symbol sie stehen.

Beispiel
In der Formel NH_3 bezieht sich die 3 auf den Wasserstoff (nicht auf den Stickstoff). Es sind 3 Wasserstoffatome beteiligt, aber nur 1 Stickstoffatom.

Soll sich ein Atommultiplikator auf mehrere Atome, d.h. auf eine Atomgruppe, beziehen, so müssen diese Atome in eine Klammer gesetzt werden.

Kapitel 5

> **Beispiel**
>
> In der Formel Ca(OH)$_2$ bezieht sich die 2 auf die Gruppe OH. In der Verbindung Calciumhydroxid Ca(OH)$_2$ liegen also zwei OH$^-$-Gruppen vor.

In der Formel (NH$_4$)$_2$SO$_4$ (Ammoniumsulfat) bezieht sich die 2 auf die Ammoniumgruppe NH$_4^+$, die hier zweimal vorhanden ist.

Die **Indizes** sind Bestandteil der chemischen **Formeln**.

Die **Koeffizienten** sind Bestandteil der chemischen **Gleichungen**.

> **Beispiel**
>
> Fe$_2$(SO$_4$)$_3$ + NH$_4$SCN → ?
>
> **1. Austausch der Ionen**
> Fe$_2^{3+}$(SO$_4$)$_3^{2-}$ + (NH$_4$)$^+$(SCN)$^-$ → Fe^{3+}(SCN)$^-$ + (NH$_4$)$^+$(SO$_4$)$^{2-}$
> Es werden jeweils einzelne Ionen Übertragen.
>
> **2. Ladungsausgleich**
> (gleiche Gesamtladung von Kationen und Anionen)
> Fe$_2^{3+}$(SO$_4$)$_3^{2-}$ +(NH$_4$)$^+$(SCN)$^-$ → Fe^{3+}(SCN)$_3^-$ + (NH$_4$)$^+_2$(SO$_4$)$^{2-}$
>
> **3. Stöchiometrischer Ausgleich**
> Fe$_2^{3+}$(SO$_4$)$_3^{2-}$+6(NH$_4$)$^+$(SCN)$^-$→2Fe^{3+}(SCN)$^-_3$+3(NH$_4$)$_2$(SO$_4$)$^{2-}$
>
> - Reaktionsgleichung:
>
> Fe$_2$(SO$_4$)$_3$ + 6NH$_4$SCN → 2Fe(SCN)$_3$ + 3(NH$_4$)$_2$SO$_4$

5.6 Stöchiometrische Berechnungen

1. Die chemische Gleichung, die sich aus der Problemstellung ergibt, ist aufzustellen und zu kontrollieren.

2. Die molare Masse (bei Gasen das molare Volumen) der beteiligten Stoffe ist unter die Formel der Stoffe zu schreiben.

3. Die gegebene Masse eines Stoffes ist über die Formel dieses Stoffes zu schreiben. Über der Formel des Stoffes, dessen Masse (Volumen) ermittelt werden soll, ist x (y, z) einzusetzen.

4. Danach ist eine Proportion aufzustellen, nach x (y, z) aufzulösen und x (y, z) zu errechnen.

Reaktionsgleichungen

> **Beispiel**
>
> Wie viel Gramm NaCl braucht man zur quantitativen Fällung von Ag^+ aus 0,87 g $AgNO_3$?
>
> 0,87 g   x g
> $\underline{AgNO_3}$ + $\underline{NaCl}$ → AgCl + $NaNO_3$
> 170   58,5
>
> x = (0,87 · 58,5) / 170 = 0,3 g NaCl

5.7 Übungsaufgaben

1. Zink reagiert mit H_2SO_4 gemäß
   $Zn + H_2SO_4$ → $ZnSO_4 + H_2$
   Wie viel Liter H_2 entstehen unter Normalbedingungen, wenn 6,5 g Zink reagieren?

2. Aluminiumoxid (Al_2O_3) soll mit Wasserstoff reduziert werden. Erstellen Sie die Reaktionsgleichung.

3. Wie lautet die Reaktionsgleichung zum Nachweis von CO_2?

4. Wie entsteht das Ammoniumkation?

5. Welche Aussage zu folgender Metallkomplex-Reaktion trifft nicht zu?
   $[Ca(H_2O)_6]^{2+} + EDTA^{4-}$ → $[Ca(EDTA)]^{2-} + 6H_2O$
   (A) Der Ligandenaustausch ist vollständig.
   (B) Das Zentralion hat seine Ladung geändert.
   (C) Das Zentralion hat die Koordinationszahl sechs.
   (D) $EDTA^{4-}$ ist ein Chelator.
   (E) Der entstehende Komplex ist ein Chelatkomplex.

6. Die Reaktion von $Ca_3(PO_4)_2$ mit H_2SO_4 kann entweder zu H_3PO_4 und $CaSO_4$ oder zu $Ca(H_2PO_4)_2$ und $CaSO_4$ führen.
   a) Geben Sie für beide Reaktionen bilanzierte chemische Gleichungen an.
   b) Welche Gewichtsmenge an H_2SO_4 benötigt man für jede Reaktion, wenn in jedem Fall 1 kg $Ca_3(PO_4)_2$ eingesetzt wird?

7. Ein Metalloxid besitzt die Formel XO_3 und reagiert mit H_2 zum reinen Metall und H_2O.
   a) Geben Sie Reaktionsgleichung an.
   b) Wie groß ist das Molekulargewicht von XO_3, wenn 16 g XO_3 6 g H_2O ergeben?
   c) Wie groß ist die Atommasse von X?

8. Wie viel g Eisen(III)-oxid werden bei der vollständigen Oxidation von 100 g Eisen gebildet?

Kapitel 6
Chemische Thermodynamik

Die Thermodynamik fasst die Beziehungen zwischen Wärme, Arbeit und weiteren Energieformen zusammen. Die Summe aller Energieformen in einem geschlossenem System ist konstant. Dieses Gesetz von der Erhaltung der Energie besagt, dass Energie weder gewonnen noch vernichtet werden kann und bildet den Inhalt des **1. Hauptsatzes** der Thermodynamik.

6.1 Enthalpie

Die Wärme, die im Verlauf einer chemischen Reaktion freigesetzt oder aufgenommen wird, ist ein wichtiger Bestandteil der Reaktion. Bei Reaktionen, die mit Umsetzung von Wärmeenergie verbunden sind, unterscheidet man zwischen:

- **exothermen Reaktionen** (die Wärme wird an die Umgebung abgegeben);
- **endothermen Reaktionen** (die Wärme wird aus der Umgebung aufgenommen).

Bei konstantem Druck kann die Reaktionswärme (**Reaktionsenthalpie**) als Differenz des Wärmeinhaltes oder der Enthalpie H zwischen den Reaktionsprodukten und den Ausgangsstoffen angesehen werden und wird mit ΔH bezeichnet.

Wenn für eine chemische Reaktion die Energieumsetzung angegeben werden soll, so wird in der Regel die Reaktionsenthalpie ΔH hinter die Reaktionsgleichung gesetzt.

- Bei exothermen Reaktionen hat das ΔH ein negatives Vorzeichen.
- Bei endothermen Reaktionen hat das ΔH ein positives Vorzeichen.

Das Symbol $\Delta H°$ bedeutet, dass die Enthalpieänderung unter Standardbedingungen (T=298 K, P=1,013 bar) von einem Mol bestimmt wurde.

6.2 Entropie

Die Entropie kann als Maß für die Ordnung bzw. Unordnung eines Systems interpretiert werden. Ein Zustand höherer Entropie ist durch einen höheren Grad an Unordnung des Systems charakterisiert. Bei chemischen Reaktionen errechnet sich die Entropieänderung ΔS (**Reaktionsentropie**) als Differenz zwischen Entropien der Produkte und Entropien der Edukte.

Nimmt die Entropie während einer Reaktion zu, wie es beim Übergang von einem Zustand höherer Ordnung zu einem niedriger geordneten Zustand geschieht, so liegt ein **endotroper** Vorgang vor. Bei endotropen Reaktionen hat das ΔS ein positives Vorzeichen.

Nimmt die Entropie während einer Reaktion ab (Übergang vom Zustand niedriger Ordnung zum Zustand höherer Ordnung), so spricht man von einem **exotropen** Vorgang. Bei exotropen Reaktionen hat das ΔS ein negatives Vorzeichen.

> **Beispiel**
>
> Bei der Reaktion $CaCO_3 \rightarrow CaO + CO_2\uparrow$ geht festes Calciumcarbonat über in ebenfalls festes Calciumoxid und in gasförmiges Kohlendioxid. Kristalline Festkörper bilden ein charakteristisches ferngeordnetes Gitter und repräsentieren somit einen entropiearmen Zustand hoher Ordnung. Im Gegensatz zu Festkörpern weisen Gase einen höheren Grad Unordnung auf durch regellose Verteilung ihrer Teilchen. Somit nimmt die Entropie bei dieser Reaktion zu, sie verläuft endotrop.

6.3 Die Triebkraft chemischer Reaktionen

Das Kriterium zur Beschreibung der Triebkraft chemischer Reaktionen ist die Änderung der **freien Reaktionsenthalpie** ΔG (auch **Gibbs'sche freie Energie** genannt).

Die Änderungen der freien Enthalpie, der Enthalpie und der Entropie sind über die **Gibbs-Helmholtz-Gleichung** miteinander verknüpft. Für die entsprechende Vorzeichengebung gilt folgende Vereinbarung:

$\Delta G < 0$ - freiwillige Reaktion (**exergon**)
$\Delta G > 0$ - erzwungene Reaktion (**endergon**)
$\Delta G = 0$ - Gleichgewichtszustand.

$$\Delta G = \Delta H - T\Delta S$$

ΔG - freie Reaktionsenthalpie
ΔH - Reaktionsenthalpie
T - Temperatur, K
ΔS - Reaktionsentropie

Während ΔG sich auf beliebige Konzentrationen der Reaktionen bezieht, bedeutet $\Delta G°$ die Änderung der freien Reaktionsenthalpie unter Standardbedingungen (T = 298 K, P = 1,013 bar, n = 1 mol).

Unter Benutzung der Gibbs-Helmholtz-Gleichung kann man Voraussagen über Reaktionsabläufe machen. So kann eine Reaktion freiwillig ablaufen ($\Delta G < 0$), wenn:

1. $\Delta H<0$ und $\Delta S>0$ oder
2. $\Delta H<0$, $\Delta S<0$ **und** $|\Delta H| > |T\Delta S|$ oder
3. $\Delta H>0$, $\Delta S>0$ **und** $|\Delta H| < |T\Delta S|$.

6.4 Übungsaufgaben

1. Eine Reaktion ist exergon, wenn
   (A) ΔG negativ ist
   (B) ΔH negativ ist
   (C) Wärme frei wird
   (D) ein Katalysator benötigt wird
   (E) kein Katalysator benötigt wird.

2. Welche der folgenden Aussagen ist richtig?
   (A) Die Änderungen der freien Enthalpie (ΔG), der Enthalpie (ΔH) und der Entropie (ΔS) sind über die Gleichung $\Delta G = \Delta S - T\Delta H$ miteinander verknüpft.
   (B) Für eine Reaktion, die sich im Gleichgewicht befindet, ist $\Delta G=0$
   (C) Bei einer spontan ablaufenden Reaktion ist ΔG positiv.
   (D) Wenn $\Delta H < 0$, verläuft die Reaktion endotherm.

3. Berechnen Sie die freie Enthalpie für die Bildung von CO_2 bei 25° C
   $C + O_2 \rightarrow CO_2$ ($\Delta S° = -12{,}82$ J/(mol·K), $\Delta H° = -393{,}7$ kJ/mol)

Kapitel 7

Chemisches Gleichgewicht

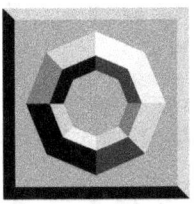

Chemische Reaktionen sind im Prinzip umkehrbar.

Es bildet sich ein dynamisches Gleichgewicht zwischen der linken Seite (Eduktseite) und der rechten Seite (Produktseite) aus.

Die Umkehrbarkeit einer chemischen Reaktion wird mit Hilfe des Doppelpfeils $\rightleftharpoons$ gekennzeichnet.

Die beiden einander entgegengesetzten Reaktionen werden als **Hinreaktion** und **Rückreaktion** bezeichnet.

7.1 Massenwirkungsgesetz

Der Zusammenhang zwischen der Lage eines chemischen Gleichgewichtes und der Konzentration der Reaktionsteilnehmer wird als **Massenwirkungsgesetz** (MWG) bezeichnet. Es wird wie folgt formuliert.

Für eine Reaktion

$$aA + bB \rightleftharpoons cC + dD$$

gilt:

$$K = \frac{[C]^c \cdot [D]^d}{[A]^a \cdot [B]^b}$$

Eine chemische Reaktion ist dann im Gleichgewichtszustand, wenn das Verhältnis zwischen dem Produkt der Konzentrationen der Reaktionsprodukte und dem Produkt der Konzentrationen der Ausgangsstoffe einen für die betreffende Reaktion charakteristischen Wert erreicht hat (**Gleichgewichtskonstante K**).

Die Richtung, in der eine chemische Reaktion abläuft und somit die Lage des Gleichgewichts, hängt von den äußeren Bedingungen (Druck, Temperatur, Konzentration) ab.

Die Gleichgewichtskonstante des Massenwirkungsgesetzes wird durch Druck- und Temperaturänderung beeinflusst, nicht hingegen durch eine Konzentrationsveränderung.

Die Werte der Gleichgewichtskonstanten werden aus experimentell gewonnenen Daten berechnet und in Tabellen zusammengestellt.

7.2 Das Prinzip von Le Chatelier

Wird auf ein im Gleichgewicht vorliegendes System ein **äußerer Zwang** ausgeübt (Änderung der Temperatur, Druck oder Konzentration), so weicht es diesem Zwang durch Verschiebung der Gleichgewichtslage in die Richtung aus, die diesem Zwang entgegen wirkt.

7.2.1 Einfluss der Temperatur

Befindet sich ein System im Gleichgewicht und wird ihm Wärme zugeführt, verschiebt sich das Gleichgewicht in die Richtung, die Wärme aufnimmt.

- Eine Temperaturerhöhung begünstigt die endotherme Reaktion.
- Eine Temperaturerniedrigung begünstigt die exotherme Reaktion.

Die Gleichgewichtskonstante K wird mit steigender Temperatur

- bei exothermen Reaktionen kleiner,
- bei endothermen Reaktionen größer.

7.2.2 Einfluss des Drucks

Druckänderungen haben nach dem MWG nur dann einen Einfluss auf die Lage des Gleichgewichts, wenn es sich um Gasreaktionen handelt, die mit einer **Volumenänderung** verbunden sind, d.h., bei denen die Stoffmenge (in mol) der Reaktionsprodukte von der Stoffmenge der Ausgangsstoffe abweicht.

- Durch Druckerhöhung wird das Gleichgewicht auf die Seite der Stoffe mit dem geringeren Volumen verschoben.
- Durch Druckverminderung wird das Gleichgewicht auf die Seite der Stoffe mit dem größeren Volumen verschoben.

Beispiel

$N_2 + 3H_2 \rightleftharpoons 2NH_3$

Auf der linken Seite befinden sich 4 Volumenteile Gas (einmal N_2 und dreimal H_2), auf der rechten Seite befinden 2 Volumenteile (NH_3).
Im Ammoniakgleichgewicht erhöht sich also durch Druckerhöhung der Anteil des Ammoniaks, weshalb die Ammoniaksynthese als Hochdruckverfahren durchgeführt wird.

7.2.3 Einfluss der Konzentration

Wird in einem System, das sich im Gleichgewicht befindet, die Konzentration einer Komponente geändert, so verlagert sich das Gleichgewicht in die Richtung, die den zugegebenen Stoff verbraucht.

Wird z.B. die Konzentration eines Ausgangsstoffs erhöht, so wird das Gleichgewicht so weit in Richtung der Reaktionsprodukte verschoben, bis der Quotient der Massenwirkungsgleichung wieder den Wert der Gleichgewichtskonstante K angenommen hat.

Der prozentuale Anteil der Reaktionsprodukte an dem im Gleichgewichtszustand vorliegenden Gesamtgemisch ist stets dann am größten, wenn die Ausgangsstoffe im stöchiometrischen Verhältnis eingesetzt werden.

7.3 Freie Reaktionsenthalpie und chemisches Gleichgewicht

ΔG ist ein Maß für die Triebkraft einer Reaktion. Für eine Gleichgewichtsreaktion $aA+bB \rightleftharpoons cC+dD$ mit der Gleichgewichtskonstante K resultiert aus der Thermodynamik folgende allgemein gültige Beziehung.

$\Delta G°$ beschreibt die Energie, die frei wird oder aufzuwenden ist, wenn die Stoffmengenkonzentration aller Reaktionspartner unter Standardbedingungen 1 mol/l beträgt.

Im Gleichgewichtszustand ist $\Delta G = 0$.

Daraus folgt:
$$\Delta G° = -RT \cdot \ln K$$

$\Delta G = \Delta G° + RT \ln K$

ΔG - freie Reaktionsenthalpie

$\Delta G°$ - freie Reaktionsenthalpie unter Standardbedingungen

R - allgemeine Gaskonstante

T - Temperatur (K)

K - Gleichgewichtskonstante

7.4 Löslichkeitsprodukt

Beim Lösen einer Substanz in Wasser zeigt sich, dass ein bestimmtes Volumen Wasser bei einer bestimmten Temperatur stets nur eine bestimmte Menge dieser Substanz zu lösen vermag.

Es stellt sich ein Gleichgewicht zwischen der festen und der gelösten Phase ein. Die Menge einer Substanz, die sich bei diesem Gleichgewichtszustand in einem bestimmten Lösungsvolumen befindet, ist bei gleichen äußeren Bedingungen (Temperatur, Druck) stets konstant und wird als **Löslichkeit** der Substanz bezeichnet. Diese wird üblicherweise in mol/l angegeben.

Für ein beliebiges Salz A_aB_b gilt folgende Gleichung (aq heißt in Wasser gelöst):

$$A_aB_b \text{ (fest)} \rightleftharpoons aA^{b+}(aq) + bB^{a-}(aq)$$

Kapitel 7

Das Massenwirkungsgesetz für diese Reaktion:

$$K = \frac{[A^{b+}]^a \cdot [B^{a-}]^b}{[A_a B_b]}$$

Da dem festen Bodenkörper im eigentlichen Sinne keine Konzentration zugeordnet werden kann, wird diese als 1 gesetzt.

$K_L = [A^{b+}]^a [B^{a-}]^b$	Die daraus resultierende Formel entspricht dem sogenannten **Löslichkeitsprodukt**.
K_L - Löslichkeitsprodukt	In der gesättigten Lösung eines wenig löslichen Salzes stellt das Löslichkeitsprodukt bei einer gegebenen Temperatur eine Konstante dar.

Für Salze, die pro Formeleinheit mehr als zwei Ionen bilden, müssen die Konzentrationen auf die Potenz bezogen werden, die aus den Koeffizienten der chemischen Gleichung hervorgeht.

Beispiel

Die Löslichkeit von Magnesiumhydroxid $Mg(OH)_2$ beträgt $1,4 \cdot 10^{-4}$ mol/l. Wie groß ist K_L von $Mg(OH)_2$?

- Für das gelöste $Mg(OH)_2$ besteht ein Dissoziationsgleichgewicht:

$$Mg(OH)_2 \rightleftharpoons Mg^{2+} + 2OH^-$$

- Von jedem Mol $Mg(OH)_2$, das in Lösung geht, werden 1 mol Mg^{2+} und 2 mol OH^- gebildet.
- Unter der Voraussetzung, dass $Mg(OH)_2$ vollständig dissoziiert:
$[Mg^{2+}] = 1,4 \cdot 10^{-4}$ mol/l
und $[OH^-] = 2 \cdot [Mg^{2+}] = 2 \cdot 1,4 \cdot 10^{-4}$ mol/l $= 2,8 \cdot 10^{-4}$ mol/l.
- Daraus lässt sich das Löslichkeitsprodukt wie folgt berechnen:
$K_L = [Mg^{2+}][OH^-]^2 = 1,4 \cdot 10^{-4} \cdot (2 \cdot 1,4 \cdot 10^{-4})^2 = 4 \cdot (1,4 \cdot 10^{-4})^3 =$
$= 1,1 \cdot 10^{-11}$ mol^3/l^3.

Chemisches Gleichgewicht

Das Löslichkeitsprodukt stellt ein einfaches, wirkungsvolles Hilfsmittel dar, um im Einzelfall zu entscheiden, ob es unter gegebenen Bedingungen zu einer Fällung kommen kann oder nicht.

Beispiel

Die Konzentration an Magnesiumionen sei $[Mg^{2+}]=0{,}42$ mol/l. Wie groß darf in einer solchen Lösung die OH$^-$-Ionenkonzentration sein, ohne dass es zu einer Niederschlagsbildung kommt? ($K_L = 1{,}1 \cdot 10^{-11}$ mol^3/l^3)

- $K_L = [Mg^{2+}][OH^-]^2 = 1{,}1 \cdot 10^{-11}$ mol^3/l^3,

$$[OH] = \sqrt{\frac{1{,}1 \times 10^{-11}}{0{,}42}} = 5{,}1 \times 10^{-6} \left(\frac{mol}{l}\right)$$

- Steigt die Konzentration über diesen Wert an, dann tritt eine Fällung von Mg(OH)$_2$ ein.

Beispiel

K_L von CaF$_2$ beträgt bei 25° C $3{,}9 \cdot 10^{-11}$ mol^3/l^3. Wie hoch ist in der gesättigten Lösung die Konzentration von Ca^{2+} und F$^-$? Wie viel g CaF$_2$ lösen sich bei 25° C in 100 ml Wasser?

- x sei die molare Löslichkeit von CaF$_2$

CaF$_2$ $\rightleftharpoons$ Ca^{2+} + 2F$^-$
 x   x   2x

- $K_L = [Ca^{2+}][F^-]^2 = 3{,}9 \cdot 10^{-11}$ mol^3/l^3.
- $x \cdot (2x)^2 = 3{,}9 \cdot 10^{-11}$
  $4x^3 = 3{,}9 \cdot 10^{-11}$
  $x = 2{,}1 \cdot 10^{-4}$ mol/l
- Daher $[Ca^{2+}] = x = 2{,}1 \cdot 10^{-4}$ mol/l
  $[F^-] = 2x = 4{,}2 \cdot 10^{-4}$ mol/l
- In 1000 ml Wasser lösen sich $2{,}1 \cdot 10^{-4}$ mol CaF$_2$
  In 100 ml Wasser lösen sich $2{,}1 \cdot 10^{-5}$ mol CaF$_2$
- $m = n \cdot M = 2{,}1 \cdot 10^{-5}$ (mol) $\cdot$ 78 (g/mol) $= 1{,}6$ g CaF$_2$

7.5 Übungsaufgaben

1. Wie lautet das MWG für die Entstehung von HCl aus seinen Elementarstoffen? Wie verschiebt sich die Gleichgewichtslage mit steigender Temperatur? Wie verschiebt sich die Gleichgewichtslage mit steigendem Druck?

2. Wie müssen Druck und Temperatur gewählt werden, damit die Ammoniakausbeute bei der Synthese aus seinen Elementarstoffen möglichst groß wird?

3. Wie viel g $BaSO_4$ lassen sich in 1 Liter Wasser auflösen?
$K_L(BaSO_4) = 10^{-10}$ mol²/l².

4. Aus einer wässrigen Silbersalzlösung wird Silberchlorid ausgefällt und abfiltriert. Mit wie viel Milliliter Wasser können Sie den Niederschlag waschen, wenn sich maximal 0,287 mg AgCl wieder lösen dürfen?
$K_L(AgCl) = 10^{-10}$ mol²/l².
(A) 10 ml
(B) 20 ml
(C) 100 ml
(D) 200 ml
(E) 1000 ml

5. In einem Liter Wasser lösen sich 838 mg Silberphosphat. Das Löslichkeitsprodukt von Silberphosphat beträgt:
(A) $432 \cdot 10^{-10}$ mol⁴/l⁴
(B) $0,16 \cdot 10^{-10}$ mol⁴/l⁴
(C) $4,32 \cdot 10^{-10}$ mol⁴/l⁴
(D) $0,432 \cdot 10^{-10}$ mol⁴/l⁴
(E) $16 \cdot 10^{-10}$ mol⁴/l⁴
(Atommassen: Ag = 108; P = 31; O = 16)

6. Der pH-Wert einer gesättigten $Ca(OH)_2$-Lösung beträgt ($K_L(Ca(OH)_2)=5 \cdot 10^{-4}$ mol³/l³) :
(A) 9
(B) 10
(C) 11
(D) 12
(E) 13

7. Für die Reaktion
$N_2O_4 \rightleftharpoons 2NO_2$
sind die Konzentrationen eines Gleichgewichtsgemischs bei 25° C folgende: $[N_2O_4] = 4,5 \cdot 10^{-2}$ mol/l und $[NO_2] = 1,6 \cdot 10^{-2}$ mol/l. Wie groß ist K?

8. Für die Reaktion
$H_2 + CO_2 \rightleftharpoons H_2O + CO$
ist K bei 750° C 0,771. Wie groß sind die Gleichgewichtskonzentrationen aller Substanzen, wenn 1 mol H_2 und 1 mol CO_2 in einem Behälter bei 750° C miteinander gemischt werden?

Kapitel 8
Säuren und Basen

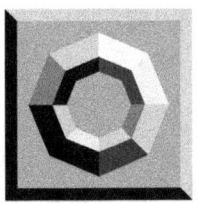

Die Dissoziation einer Säure oder Base in Wasser ist eine Protonenübertragungsreaktion. Sowohl Protonenaufnahme wie -abgabe sind reversibel, es stellen sich Gleichgewichte ein.

Definition nach Brönsted:

Säuren sind Moleküle, die Wasserstoffionen H^+, sogenannte Protonen, abspalten können (**Protonendonatoren**).

Basen sind Moleküle, die Protonen aufnehmen können (**Protonenakzeptoren**).

Mit dieser Theorie lassen sich alle Vorgänge im wässrigen Medium gut beschreiben. Ein weiterer Begriff, der mit Hilfe der Brönsted-Theorie eingeführt werden kann, sind die sogenannten **korrespondierenden** (konjugierten) **Säure-Base Paare**.

Beispiel
HCl + NaOH → NaCl + H_2O
Säure(I) + Base(II) → Base(I) + Säure(II)

Es gibt Verbindungen, die sowohl als korrespondierende Säure als auch als korrespondierende Base fungieren. Stoffe, die sich so verhalten, werden als **Ampholyte** bezeichnet. Dies ist z.B. bei Wasser der Fall:

$$H_2O \rightleftharpoons H^+ + OH^-$$

Das Produkt aus der Konzentration der Wasserstoffionen und der Konzentration der Hydroxidionen ist für alle wässrigen Lösungen bei konstanter Temperatur konstant und beträgt bei 22° C $[H^+] \cdot [OH^-] = 10^{-14}\, mol^2/l^2$.

Dieser Wert wird als **Ionenprodukt des Wassers** bezeichnet.

Das Ionenprodukt des Wassers gilt nicht nur für reines Wasser, sondern für alle wässrigen Lösungen, also auch für Lösungen von Basen, Säuren und Salzen.

- In einer Säure ist die Konzentration der Wasserstoffionen größer als 10^{-7} mol/l. Demzufolge muss die Konzentration der Hydroxidionen kleiner sein als 10^{-7} mol/l.

- In einer Base ist die Konzentration der Hydroxidionen größer als 10^{-7} mol/l. Demzufolge muss die Konzentration der Wasserstoffionen kleiner sein als 10^{-7} mol/l.

Da es unübersichtlich ist, Zehnerpotenzen mit negativer Hochzahl zu multiplizieren oder zu dividieren, wurde der pH-Wert eingeführt.

8.1 pH-Wert

$pH = -lg\ [H^+]$	Der pH-Wert ist der negative dekadische Logarithmus des Zahlenwerts der Wasserstoffionenkonzentration $[H^+]$.

Beispiel

Eine Lösung hat eine Protonenkonzentration $[H^+] = 0{,}00079$ M. Wie groß ist der pH-Wert der Lösung?

- $[H^+] = 7{,}9 \cdot 10^{-4}$ mol/l
- $lg\ [H^+] = -3{,}1$
- $pH = 3{,}1$

8.2 pOH-Wert

$pOH = -lg\ [OH^-]$	Analog zum pH-Wert wird pOH-Wert als der negative dekadische Logarithmus der Hydroxidionenkonzentration $[OH^-]$ definiert.

$pH + pOH = 14$	Auf das Ionenprodukt des Wassers angewandt ergibt sich:

- Lösungen mit einem pH-Wert kleiner als 7 reagieren **sauer**.
- Lösungen mit dem pH-Wert 7 reagieren **neutral**.
- Lösungen mit einem pH-Wert größer als 7 reagieren **basisch**.

8.3 pKs, pKb

Fügt man zu einer neutralen Lösung eine Säure hinzu, erhöht sich die Konzentration an H^+-Ionen. Diese Konzentration hängt von zwei Faktoren ab; zum einen von der Konzentration der Säure und zum anderen von ihrer sogenannten Stärke. Diese Stärke kann durch das Massenwirkungsgesetz erfasst werden. Für die Reaktion einer Säure im wässerigen Medium gilt:

$$H^+A^- \rightleftharpoons H^+ + A^-$$

Das Massenwirkungsgesetz sieht wie folgt aus:

$$K_s = \frac{[H] \cdot [A]}{[HA]}$$

$$\boxed{pK_s = -lgK_s}$$

Die Säurekonstante Ks gibt direkt Auskunft über die Säurestärke einer bestimmten Säure.

Beispiel
Hat die Säurekonstante den Wert $10^{-5,7}$, dann ist der pKs-Wert 5,7.

Analog zu Ks definiert man Kb für Basen:

$$BOH \rightleftarrows B^+ + OH^-$$
$$K_b = \frac{[B] \cdot [OH]}{[BOH]}$$

$$\boxed{pK_b = -lgK_b}$$

Die Basenkonstante Kb gibt direkt Auskunft über die Basenstärke einer bestimmten Base.

In verdünnten Lösungen gilt:

$K = [H^+][OH^-] = 10^{14}\ mol^2/l^2$

Somit lässt sich der pKb-Wert berechnen, wenn der pKs-Wert bekannt ist.

$$\boxed{pK_s + pK_b = 14}$$

Beispiel
$NH_4^+ \rightleftarrows NH_3 + H^+$;   pKb = 4,8 ⇨ pKs = 14 - 4,8 = 9,2

8.4 Berechnung von pH-Werten

Dabei unterscheidet man zwischen starken und schwachen Säuren bzw. Basen.

8.4.1 Starke Säuren und Basen

Der erste Fall ist der der starken Säuren, bei dem das Ks so groß ist (pKs< -1), dass eine vollständige Reaktion angenommen werden kann:

$$H^+A^- \rightleftarrows H^+ + A^-$$

Kapitel 8

$pH = -lg([S] \cdot W)$
[S] - Konzentration der Säure (mol/l)

Da eine Rückreaktion ausgeschlossen ist, gilt, dass alle Säureteilchen HA sich vollständig zu H^+-Ionen umsetzen und die Konzentration an zugefügter Säure der H^+-Konzentration entspricht. Dabei ist die Anzahl von Protonen zu berücksichtigen (**Wertigkeit W**).

$pOH = -lg([B] \cdot W)$
[B] - Konzentration der Base (mol/l)

Die Wertigkeit für einprotonige Säuren (z.B. HCl, HNO_3) ist 1, für zweiprotonige (z.B. H_2SO_4) ist 2, usw.

Eine ähnliche Formel gilt für starke Basen, da auch hier von einer vollständigen Reaktion ausgegangen werden kann.

Bei Basen entspricht die Wertigkeit der Anzahl von OH^--Gruppen.

Beispiele

1. Welchen pH-Wert haben 0,5 l einer 0,005 M H_2SO_4-Lösung?
   Da Schwefelsäure eine starke Säure und zweiwertig ist, gilt:
   pH = - log([0,005] · 2) = - log(0,01) = 2

2. Welchen pH-Wert hat eine 0,1 M Natriumhydroxidlösung?
   Da NaOH eine starke Base ist, ergibt sich:
   pOH = - log([0,1] · 1) = 1
   Da pH + pOH = 14, ist pH = 14 - 1 = 13

8.4.2 Schwache Säuren und Basen

$pH = ½(pKs - lg[S])$
$pOH = ½(pKb - lg[B])$
[S] - Konzentration der Säure (mol/l)
[B] - Konzentration der Base (mol/l)

Für schwache Säuren oder Basen muss die Größe der Gleichgewichtskonstante bzw. pKs oder pKb berücksichtigt werden. Unter der Annahme, dass die Gleichgewichtskonzentration des dissoziierten Anteils von der Ausgangskonzentration nur geringfügig abweicht, folgt aus dem Massenwirkungsgesetz folgende Formel für die Berechnung von pKs- bzw. pKb-Werten der schwachen Säuren und Basen.

Beispiel

Welchen pH-Wert hat eine 0,01 M Blausäure HCN (pKs = 9,3)?
pH = ½ (9,3 - lg 0,01) = ½ (9,3 + 2) = 5,65

Säuren und Basen

8.5 Neutralisation

Neutralisation ist die Reaktion zwischen einer Säure und einer Base. Die Neutralisation beruht auf der Vereinigung von Wasserstoffionen (Protonen) und Hydroxidionen zu Wassermolekülen.

Beispiel

Neutralisation von Calciumhydroxid mit Salpetersäure:

$$Ca^{2+} + 2OH^- + 2H^+ + 2NO_3^- \rightarrow Ca^{2+} + 2NO_3^- + 2H_2O$$

Die Metallionen und die Säurerestionen bleiben bei der Neutralisation unverändert. Lässt man sie auf beiden Seiten der Ionengleichung weg, so erhält man die allgemeine Ionengleichung der Neutralisation:

$$H^+ + OH^- \rightarrow H_2O$$

Auf diesem Prinzip basiert eine wichtige quantitative analytische Methode. Sie wird Titration genannt.

8.6 Titration

Titration ist Konzentrationsbestimmung in Lösungen. Die unbekannte Stoffmenge oder Konzentration errechnet man aus dem Verbrauch einer Lösung bekannter Konzentration. Der **Äquivalenzpunkt** ist durch eine Farbänderung oder durch sogenannte Indikatoren (Farbstoffe, die im Verlauf einer Reaktion eine Farbänderung durchlaufen) erkennbar. Er lässt sich auch mit physikalischen Messgrößen (z.B. Leitfähigkeit) erfassen.

$$N_1 \cdot V_1 = N_2 \cdot V_2$$

N - Normalität der Lösung

V - Volumen der Lösung

Die Lösung bekannter Konzentration (N_1) befindet sich in einer sogenannten Bürette, die eine Messung des Verbrauchs an Lösung (V_1) erlaubt. Ein bestimmtes Volumen (V_2) der Lösung unbekannter Konzentration (N_2) wird meist in ein Becherglas oder einen Erlenmeyerkolben gefüllt.

Beispiel

Berechnen Sie die Konzentration einer Probe von 100 ml HCl, wenn zur Neutralisation 40 ml einer 0,1 molaren NaOH verbraucht wurden.

- Da HCl und NaOH beide Wertigkeit 1 haben, ist die Normalität gleich Molarität. Folglich ergibt sich:
- $x \cdot 100 = 0,1 \cdot 40$
- $x = (0,1 \cdot 40)/100 = 0,04$ mol/l

Den Verlauf einer Titration kann man anhand der **Titrationskurven** verfolgen.

8.6.1 Titration einer starken Säure mit einer starken Base

Als Beispiel zur Erläuterung der Titration einer starken Säure mit einer starken Base soll hier die Titration von 10 ml einer 0,1 M Salzsäure mit 0,1 M Natronlauge dienen.

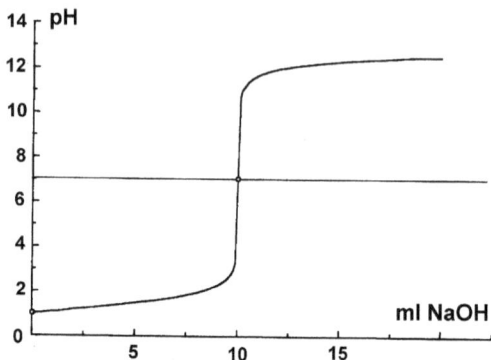

Die 0,1 M Salzsäure hat einen pH-Wert von 1.

Durch die Zugabe der Natronlauge verändert sich der pH-Wert nicht sehr stark bis kurz vor dem **Äquivalenzpunkt**. Dort findet eine drastische Änderung des pH-Wertes statt. Die Kurve wird sehr steil, erreicht den Äquivalenzpunkt, der bei der Titration einer starken Säure mit einer starken Base immer am Neutralpunkt bei pH= 7 liegt und schießt dann in den basischen pH-Bereich hinein. Zum Schluss verläuft die Kurve wieder waagerecht und wird durch die 0,1 molare Natronlauge bestimmt, erreicht also annähernd den pH-Wert 13.

8.6.2 Titration einer schwachen Säure mit einer starken Base

Die Titrationskurve einer schwachen Säure mit einer starken Base ist etwas komplizierter. Als Beispiel soll hier die Titration von 10 ml einer 0,1 molaren Essigsäure (pKs HAc = 4,8) mit einer 0,1 M Natronlauge dienen.

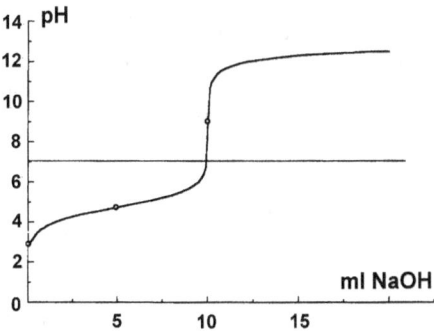

Der erste Punkt der Graphik wird durch die 0,1 M Essigsäure bestimmt:

pH = ½ (4,8 - lg 0,1) = ½ (4,8 + 1) = 2,9

Im Bereich zwischen dem Anfangswert und dem Äquivalenzpunkt verläuft die Titrationkurve mehr waagerecht, d.h. bei Zugabe von NaOH ändert sich der pH-Wert der Lösung nur wenig. Ein solches Verhalten ist typisch für **Puffersysteme**. Bei der Zugabe von 5 ml Natronlauge **(Halbäquivalenzpunkt)** entspricht der pH-Wert der Lösung dem pKs-Wert.

Am Äquivalenzpunkt liegt eine 0,05 M Natriumacetatlösung vor, da die Reaktion

HAc + NaOH → NaAc + H_2O (Ac⁻ Acetat und HAc Essigsäure)

erfolgt ist, sich aber das Volumen durch die Titration verdoppelt hat.

Natriumacetat ist das Salz aus der starken Natronlauge und der schwachen Essigsäure. Das Salz wird schwach basisch reagieren. Die Reaktion mit Wasser nennt man **Hydrolyse**.

NaAc + H_2O ⇌ Na^+ + HAc + OH^-

Das Acetat reagiert mit Wasser und bildet OH^--Ionen, die die basische Reaktion verursachen. Da es sich um eine schwach basische Reaktion handelt, verwendet man die Formel für die schwache Base. Den pKb-Wert errechnet man aus dem gegebenen pKs-Wert der korrespondierenden Essigsäure.

pKb = 14 - 4,8 = 9,2

pOH = ½ (9,2 - log 0,05) = 5,25

Umrechnen auf pH-Wert:

pH = 14 - 5,25 = 8,75

8.6.3 Titration einer schwachen Base mit einer starken Säure

Die Titrationskurve einer schwachen Base mit einer starken Säure kann analog dem vorangegangenen Beispiel betrachtet werden. Als Beispiel soll hier die Titration von 10 ml einer 0,1 molaren Ammoniaklösung (pKs NH_3 = 9,2) mit einer 0,1 M Salzsäure dienen.

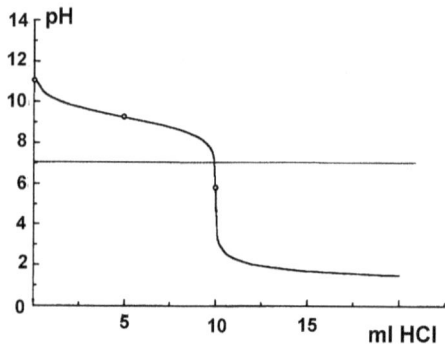

Der erste Punkt der Grafik wird durch die 0,1 molare Ammoniaklösung bestimmt und hat einen pH-Wert von:

pKb = 14 - pKs = 14 - 9,2 = 4,8

pOH = ½ (pKb - log [Base]) = ½ (4,8 - log0,1) = 2,9

pH = 14 - pOH = 14 - 2,9 = 11,1

Am Halbäquivalenzpunkt (Zugabe von 5 ml HCl) entspricht der pH-Wert der Lösung dem pKs-Wert.

Am Äquivalenzpunkt liegt das Salz NH_4Cl aus einer starken Säure und einer schwachen Base, das schwach sauer reagiert.

pH = ½ (pKs - log [Säure]) = ½ (9,2 - log0,05) = 5,25

8.7 Puffersysteme

Puffer sind als ein Gemisch aus schwachen Säuren und ihren korrespondierenden Basen definiert.

$$pH = pKs + lg\frac{[B]}{[S]}$$

[B] - Konzentration der korrespondierenden Base

[S] - Konzentration der korrespondierenden Säure

Sie werden dazu benutzt, pH-Werte in einer Lösung konstant zu halten, so dass die Zufuhr von Protonen oder Hydroxidionen nur einen sehr geringen Einfluss auf den pH-Wert ausübt. Dadurch lassen sich pH-Wert-empfindliche Reaktionen schützen. Dieses Prinzip findet man z.B. auch im Blut, in dem hauptsächlich ein Carbonatpuffer für die Einstellung eines pH-Wertes von 7,4 verantwortlich ist.

Beispiele für Pufferlösungen

Acetatpuffer, besteht aus Essigsäure und Acetat (HAc/Ac⁻);

Ammoniumpuffer, aus Ammoniak und Ammonium (NH_3/NH_4^+);

Phosphatpuffer, aus Dihydrogenphosphat und Hydrogenphosphat ($H_2PO_4^-$ / HPO_4^{2-});

Carbonatpuffer des Blutes, aus Hydrogencarbonat und Kohlensäure (HCO_3^- / H_2CO_3).

Zur Berechnung der pH-Werte für Puffersysteme wird die Puffergleichung (**Henderson-Hasselbalch-Gleichung**) verwendet. Sie wird aus dem Massenwirkungsgesetz gewonnen.

Beispiel

Berechnen Sie den pH-Wert einer Lösung aus 0,1 Liter einer 0,1 molaren Ammoniaklösung nach Zugabe von 0,01 mol NH_4Cl.
pKs = (NH_3/NH_4^+) = 9,2

- Die korrespondierende Base ist Ammoniak, die korrespondierende Säure ist hier das Ammoniumion. Somit sieht die Gleichung wie folgt aus:
  pH = 9,2 + lg ([NH_3]/[NH_4^+])
- Die Form der Gleichung erlaubt es hier (das gilt nur für Puffer!) mit Stoffmengen zu rechnen. Diese betragen für das Ammoniumion (aus dem Ammoniumchlorid) 0,01 mol und für das Ammoniak nach der Formel n = C_M · V:
  0,1 mol/l · 0,1 l = 0,01 mol
- Durch Einsetzen folgt:
  pH = 9,2 + lg (0,01/0,01) = 9,2

Dieser Puffer ist übrigens insofern bemerkenswert, weil der pH-Wert dem pKs-Wert entspricht. Derartige Puffer werden als **äquimolar** (wegen gleicher Stoffmengen) oder als Puffer mit **maximaler Pufferkapazität** bezeichnet..

Beispiel

Gegeben ist der Acetatpuffer (pKs = 4,8), der aus je 1 mol Essigsäure und 1 mol Acetat gebildet wird. 4 g NaOH werden dazugegeben. Wie ändert sich der pH-Wert?

- Vor Laugenzugabe gilt:
  pH = pKs = 4,8, da äquimolare Lösung.
- Nach Laugenzugabe gilt:
  4 g NaOH = 0,1 mol NaOH.
- Als starke Base zerfällt sie vollständig in Ionen. Es entsteht folgende Gleichgewichtsreaktion:
  $OH^- + HAc \rightleftharpoons Ac^- + H_2O$
  Dabei reagiert die starke Base (OH^-) mit der Essigsäure (HAc) vollständig zu Wasser und Acetat (Ac-).

Daraus folgt:

- [HAc] nimmt um 0,1 mol/l ab: ⇨ 0,9 mol/l;
- [Ac^-] steigt um 0,1 mol/l : ⇨ 1,1 mol/l.
- pH = pKs + lg ([Ac^-]/[HAc]) = 4,8 + lg (1,1/0,9) = 4,88

8.8 Übungsaufgaben

1. Welche der folgenden Verbindungen tritt nicht als Brönsted-Säure auf?
(A) PO_4^{3-}
(B) H_2CO_3
(C) H_2O
(D) HCO_3^-
(E) HPO_4^{2-}

2. Die wässrige Lösung welcher der folgenden Verbindungen reagiert basisch? Geben Sie Reaktionsgleichungen an.
(A) NH_3
(B) NH_4Cl
(C) KCl
(D) $AlCl_3$
(E) $(NH_4)_2SO_4$

3. Welche Formeln haben die korrespondierenden Säuren der folgenden Partikeln?
H_2O, HSO_4^-, $H_2PO_4^-$, Cl^-, HPO_4^{2-}, OH^-, NH_3 und CH_3COO^-.

Säuren und Basen

4. Geben Sie die Formeln der korrespondierenden Basen der folgenden Teilchen an:
   H_2O, HSO_4^-, $H_2PO_4^-$, HPO_4^{2-}, OH^-, HCl, H_3PO_4, H_2SO_4.

5. Bei 22°C ist $[H^+] = 10^{-7}$ mol/l. Wie groß ist $[OH^-]$?

6. Man leitet 3,6 g HCl in 500 ml Wasser ein. Welchen pH-Wert hat die entstandene Lösung?

7. Welchen pH hat eine wässrige Lösung von Kaliumhydroxid, die 2,8 g KOH im Liter enthält?

8. Wie groß ist der pH-Wert einer volldissoziierten einprotonigen Säure in der Konzentration 0,1 ·10^{-3} N?
   (A) 1
   (B) 2
   (C) 3
   (D) 4
   (E) keiner der unter (A) - (D) genannten Werte trifft zu.

9. Natrium reagiert mit Wasser gemäß folgender Reaktionsgleichung:
   $2Na + 2H_2O \rightarrow 2NaOH + H_2$
   Berechnen Sie den pH-Wert einer Lösung, die durch die Reaktion von 1000 ml Wasser mit 0,23 g Natrium entstanden ist.

10. Wie viel ml 0,1 N $Ca(OH)_2$ Lösung braucht man zur Neutralisation von 18 g HCl?

11. Um 10 ml einer H_2SO_4-Lösung zu neutralisieren, waren 15,6 ml einer 0,1 M NaOH-Lösung nötig. Wie hoch ist die Molarität der Säure?

12. Welche Aussage trifft nicht zu?
    1 Mol Essigsäure wird mit 0,5 mol Natronlauge versetzt.
    (A) Es entstehen 0,5 mol Wasser.
    (B) 0,5 mol Natronlauge liefern 1 mol OH^--Ionen.
    (C) Der pH-Wert der Lösung entspricht dem pKs-Wert der Essigsäure.
    (D) In der Lösung sind je 0,5 mol Essigsäure und Acetat enthalten.
    (E) Es liegt eine Pufferlösung vor.

13. Welche pH-Werte stellen sich beim Mischen der folgenden Lösungen ein: 50 ml einer 0,2 mol/l Na_2HPO_4-Lösung mit 50 ml einer 2 mol/l NaH_2PO_4-Lösung (pKs = 7,2).

14. Um welchen Betrag ändert sich der pH-Wert eines 0,5 molaren Phosphatpuffers ($[H_2PO_4^-]=[HPO_4^{2-}]$, pKs=7,2) beim Verdünnen mit Wasser um den Faktor 5?

15. Sie versetzen 10 ml 0,1 molare K_2HPO_4-Lösung mit 5 ml 0,1 molarer HCl und messen dann den pH-Wert. Welchen Wert finden Sie? (pKs-Werte der Phosphorsäure: 2,3; 7,2; 12,3)

Kapitel 8

16. Wie kann man eine Lösung von pH=7,2 herstellen, wenn man die Salze Natriumdihydrogenphosphat und Natriumhydrogenphosphat zur Verfügung hat?

17. Wie viel HCl muss in 1 Liter 1M Na_2HPO_4-Lösung eingeleitet werden, damit der pH=7,2 wird?

18. 5,3 g NH_4Cl werden in 0,5 l einer 0,2 M Ammoniaklösung gelöst (Volumenänderung vernachlässigbar). Welchen pH hat die entstehende Lösung? (pKs = 9,2)

19. Man mischt 1 Liter 1M CH_3COOH-Lösung mit 0,4 l Lösung der Natronlauge mit C(NaOH) = 1 mol/l. Bestimmen Sie den pH-Wert der entstehenden Lösung. (pKs = 4,8)

Kapitel 9
Redox- und Elektrochemie

Die Oxidations- Reduktionsvorgänge stellen einen sehr wichtigen Typ der chemischen Reaktionen dar. Wie heute bekannt ist, beruhen sie auf der Aufnahme oder Abgabe von Elektronen.

9.1 Oxidation und Reduktion

Oxidation ist die Elektronenabgabe eines Stoffes.

Beispiel

Kupfer wird zum Kupferion $Cu \rightarrow Cu^{2+} + 2e^-$

Reduktion ist die Elektronenaufnahme eines Stoffes.

Beispiel

Chlorgas wird zu Chloridionen: $Cl_2 + 2e^- \rightarrow 2Cl^-$

Oxidations- und Reduktionsreaktionen sind immer gekoppelt, da die abgegebenen Elektronen der Oxidation in der Reduktion aufgenommen werden. Das Ergebnis als Summe beider Reaktionen nennt man **Redoxreaktion**.

Hier ändern sich die Ladungen oder Oxidationszahlen der Reaktionspartner. Es findet ein Elektronenaustausch statt. Dabei gibt ein Partner Elektronen ab, seine Oxidationszahl wird größer, er wird oxidiert. Ein anderer Reaktionspartner nimmt diese Elektronen auf, seine Oxidationszahl wird verringert, er wird reduziert. Den Reaktionspartner, der oxidiert wird, nennt man **Reduktionsmittel**, denjenigen, der reduziert wird **Oxidationsmittel**.

Um auch kompliziertere Redoxvorgänge, an denen Moleküle (SO_2, NH_3, NO_2 u. a.) oder Ionen (SO_4^{2-}, MnO_4^-, $[Fe(CN)_6]^{3+}$ u. a.) beteiligt sind, erfassen zu können, wurden die Oxidationszahlen eingeführt.

Die **Oxidationszahl** gibt an, welche Ladung ein Element in einer bestimmten Verbindung tragen würde, wenn alle am Aufbau dieser Verbindung beteiligten Elemente in Form von Ionen vorlägen.

9.2 Oxidationszahlen in Molekülen

Allgemein gilt:
Bei jeder chemischen Verbindung ist die Summe der Oxidationszahlen, mit denen die beteiligten Elemente auftreten, gleich Null.

> **Beispiel**
>
> Im Wassermolekül, H_2O, beträgt die Summe der Oxidationszahlen $2(+1)+(-2) = 0$.

Diese Summe lässt sich (indem von der Summenformel ausgegangen wird) auch für Verbindungen ermitteln, die nicht in Form von Molekülen, sondern in Form von Ionen vorliegen.

> **Beispiel**
>
> Beim Aluminiumoxid, Al_2O_3, beträgt die Summe der Oxidationszahlen $2(+3) + 3(-2) = 0$.

9.3 Oxidationszahlen in Ionen

Mit Hilfe der Oxidationszahlen lassen sich die Wertigkeitsverhältnisse innerhalb der Ionen überblicken.

Die Summe aller Oxidationszahlen eines Ions ist stets gleich der Ladung, die das Ion nach außen trägt.

> **Beispiele**
>
> Im Sulfation, SO_4^{2-}, werden die gemeinsamen Elektronenpaare von den Sauerstoffatomen stärker angezogen als vom Schwefelatom. Dem Sauerstoff kommt daher (wie im Wasser) die Oxidationszahl -2 zu. Die Summe der Oxidationszahlen der vier Sauerstoffatome beträgt demnach -8. Da das Sulfation nach außen zwei negative Ladungen trägt, muss das Schwefelatom die Oxidationszahl $+6$ besitzen:
> $+6 + 4 \cdot (-2) = -2$
>
> Im Sulfition, SO_3^{2-}, besitzt das Schwefelatom dagegen die Oxidationszahl $+4$:
> $+4 + 3 \cdot (-2) = -2$

9.4 Ermittlung der Oxidationszahlen

Zur Ermittlung der Oxidationszahlen gelten (von wenigen Ausnahmen abgesehen) folgende Regeln:

1. Sind Atome oder Moleküle elementar vorhanden, d.h. nicht in Verbindung mit anderen Atomen oder Molekülen und ungeladen, erhalten diese die Oxidationszahl 0. Bei Elementionen entspricht die Ladung der Oxidationszahl.

2. Metallionen haben immer eine positive Oxidationszahl. Alkalikationen haben immer die Oxidationszahl +1, Erdalkalikationen haben immer die Oxidationszahl +2. In Bor- und Aluminiumverbindungen haben diese die Oxidationszahl +3.

3. Fluor, wenn nicht elementar, hat immer die Oxidationszahl -1.

4. Sauerstoff, wenn nicht elementar, hat im Regelfall die Oxidationszahl -2. Ausnahmen sind Verbindungen mit Fluor (Sauerstoff hat dann positive Oxidationszahlen) und sogenannte Peroxide (z.B. H_2O_2). Sauerstoff hat hier die Oxidationszahl -1.

5. Wasserstoff hat im Regelfall die Oxidationszahl +1, Ausnahmen sind die sogenannten Hydride. Bei Hydriden handelt es sich um Verbindungen von Wasserstoff mit Metallen ohne Beteiligung von Nichtmetallen. In diesen Verbindungen ist die Oxidationszahl des Wasserstoffs -1.

Beispiele

Im Ammoniak, NH_3, hat der Wasserstoff die Oxidationszahl +1, der Stickstoff demnach die Oxidationszahl -3.

Im Natriumhydrid, NaH, muss das Natrium eine positive Oxidationszahl haben; da Natrium stets einwertig auftritt, beträgt sie +1. Demnach kommt hier dem Wasserstoff die Oxidationszahl -1 zu.

Im Natriumhydrogencarbonat $NaHCO_3$ hat das Natrium die Oxidationszahl +1, der Wasserstoff die Oxidationszahl +1, der Sauerstoff die Oxidationszahl -2. Die Oxidationszahl des Kohlenstoffs beträgt in dieser Verbindung +4, da die Summe der Oxidationszahlen gleich Null sein muss:
+1 + 1 + x + 3 · (-2) = 0
x = +4

Im elementaren Zustand haben alle Elemente die Oxidationszahl 0, auch wenn sie in Molekülen, wie Cl_2, O_2, N_2, auftreten.

Mit Hilfe der Oxidationszahlen lassen sich die Redoxgleichungen (Gleichungen für Redoxvorgänge) leichter überblicken und auch leichter aufstellen.

9.5 Regeln zum Erstellen von Redoxgleichungen

Die Summe der Oxidationszahlen der linken Seite muss gleich der Summe der Oxidationszahlen der rechten Seite sein.

1. Anschreiben der Formeln der Edukte und Produkte laut Angabe und Ermittlung der Oxidationszahlen:

$$\overset{+7}{K}MnO_4 + \overset{+2}{Fe}SO_4 + H_2SO_4 \rightarrow \overset{+2}{Mn}SO_4 + \overset{+3}{Fe_2}(SO_4)_3 + K_2SO_4 + H_2O$$

Kapitel 9

2. Alle Verbindungen werden in Ionen zerlegt, soweit Ionenbindung vorliegt (auch Säuren!):

$$\overset{+7}{K(MnO_4)} + \overset{+2}{Fe(SO_4)} + H_2(SO_4) \rightarrow \overset{+2}{Mn(SO_4)} + \overset{+3}{Fe_2(SO_4)_3} + K_2(SO_4) + H_2O$$

3. Nur die Ionen bzw. Atome, bei denen sich die Oxidationszahlen über einem Elementsymbol geändert haben, werden beibehalten, die übrigen werden gestrichen:

$$\overset{+7}{MnO_4^-} + Fe^{2+} \rightarrow Mn^{2+} + Fe^{3+}$$

4. Die Oxidations- und Reduktionspartner werden ermittelt. Die Differenz der Oxidationszahlen über dem jeweils gleichen Elementsymbol wird als aufgenommene bzw. abgegebene Elektronenzahl angeschrieben.

Oxidation:
$Fe^{2+} \rightarrow Fe^{3+} + e$
Reduktion:
$MnO_4^- + 5e \rightarrow Mn^{2+}$

5. **Ausgleich der Ladungen** (Elektronen zählen wie Ionen) durch Protonen H^+ in sauren Lösungen, bzw. Hydroxidionen in alkalischen Lösungen:

$Fe^{2+} \rightarrow Fe^{3+} + e$ (Ladungen sind ausgeglichen)
$MnO_4^- + 5e + 8H^+ \rightarrow Mn^{2+}$

6. **Stoffausgleich**: Die Zahl der Sauerstoffatome bei Edukten und Produkten muss gleich sein. Dies wird durch Hinzufügen entsprechender Anzahl von Wassermolekülen erreicht:

$MnO_4^- + 5e + 8H^+ \rightarrow Mn^{2+} + 4H_2O$

Gleichzeitig wird dadurch auch die Zahl der Wasserstoffatome mit ausgeglichen.

7. Durch geeignete Multiplikation der Teilgleichungen wird die Zahl der Elektronen ausgeglichen. Durch Addition der beiden Teilgleichungen erhält man schließlich die Redoxreaktion:

$Fe^{2+} \rightarrow Fe^{3+} + e \mid \cdot 5$
$MnO_4^- + 5e + 8H^+ \rightarrow Mn^{2+} + 4H_2O \mid \cdot 1$

$MnO_4^- + 5Fe^{2+} + 8H^+ \rightarrow Mn^{2+} + 5Fe^{3+} + 4H_2O$

8. Die bei Regel 3 gestrichenen Ionen werden auf beiden Seiten in gleichen Mengen wieder hinzugefügt und zu sinnvollen ungeladenen Molekülen ergänzt:

$2KMnO_4 + 10FeSO_4 + 8H_2SO_4 \rightarrow 2MnSO_4 + 5Fe_2(SO_4)_3 + K_2SO_4 + 8H_2O$

9.6 Elektrochemie

9.6.1 Galvanische Zellen

Man kann Redoxprozesse räumlich voneinander trennen. Dabei entsteht eine galvanische Zelle, die aus zwei sogenannten **Halbzellen** besteht. In der einen Halbzelle findet eine Reduktion statt, sie wird **Kathode** genannt. In der anderen Halbzelle, der **Anode**, findet eine Oxidation statt. Da an der Anode Elektronen abgegeben werden, wird diese auch als Minuspol bezeichnet. Die Kathode nennt man entsprechend auch Pluspol.

$$\Delta E = E_K - E_A$$

E_K - Potential der Kathode

E_A - Potential der Anode

Elektroden eines galvanischen Elements nennt man **Normalelektroden**, wenn die betreffenden Salzlösungen **1 molar** sind.

Beispiel

Kupfer wird in 1 M $CuSO_4$-Lösung, Zink in 1 M $ZnSO_4$-Lösung getaucht. Die Halbzellen sind durch einen sogenannten Stromschlüssel (Salzbrücke) verbunden. Seine Aufgabe ist es, eine leitfähige Verbindung zu schaffen, ohne dass sich die beiden Lösungen vermischen können. Werden nun die beiden Elektroden über ein Kabel leitfähig verbunden, so finden in den Halbzellen Redoxvorgänge statt:

Cu^0/Cu^{2+}-Halbzelle: $Cu^{2+} + 2e \rightarrow Cu^0$

Zn^0/Zn^{2+}-Halbzelle: $Zn^0 \rightarrow Zn^{2+} + 2e$

$Cu^{2+} + Zn^0 \rightarrow Cu^0 + Zn^{2+}$

Zwischen beiden Elektroden liegt eine Spannung (ΔE) von 1,1 V.

9.6.2 Normalwasserstoffelektrode

Andere Metallpaarungen ergeben andere Spannungs- oder auch Potentialdifferenzen. Um eine quantitative Betrachtungsweise zu ermöglichen, hat man eine Redoxreaktion als Normierung auf 0 Volt gesetzt. Das ist das Potential einer sogenannten Normalwasserstoffelektrode (gängige Abkürzung: NWE). "Normal" heißt, dass die Reaktion unter Standardbedingungen abläuft: 1 molare H^+-Lösung, 25° C, 1 bar und reine Metalle.

$$H_2 \rightleftharpoons 2H^+ + 2e$$

$$E° = 0\ V$$

Sie besteht aus einem Platinblech, das von Wasserstoff umspült wird. Auf der Oberfläche bildet sich ein molekularer Film von Wasserstoff, so dass das Platin nur als Träger dient.

Kombiniert man 1 molare Metallsalzlösungen mit entsprechender Elektrode mit der Normalwasserstoffelektrode, so werden die gemessenen Potentialdifferenzen als **Normalpotentiale E°** bezeichnet und ergeben die **Spannungsreihe**.

Das Normalpotential erhält ein negatives Vorzeichen, wenn die betreffende Normalelektrode an die NWE Elektronen abgibt, im umgekehrten Fall ein positives Vorzeichen.

9.7 Nernstsche Gleichung

Wenn die Normalbedingungen nicht erfüllt sind, also z.B. andere Konzentrationen vorliegen, ändern sich die Potentiale. Die sogenannte Nernst'sche Gleichung berücksichtigt diese Abweichungen. Es gilt:

$$E = E° + \frac{R \cdot T}{z \cdot F} \cdot \ln\frac{[Ox]}{[Red]}$$

$$E = E° + \frac{0,06}{z} \lg\frac{[Ox]}{[Red]}$$

R - allgemeine Gaskonstante;
T - Temperatur, K
z - Zahl der übertragenen Elektronen;
F - Faraday-Konstante.

E° - Normalpotential

z - Zahl der übertragenen Elektronen

[Ox] - Konzentration der oxidierten Form

[Red] - Konzentration der reduzierten Form

Durch Zusammenfassen der Konstanten und Umwandlung des natürlichen in den dekadischen Logarithmus erhält man eine Näherungsformel für Raumtemperatur.

Die Nernst'sche Gleichung wird aus einer Teilgleichung einer Redoxreaktion entwickelt, d.h. für eine Redoxreaktion erhält man zwei Nernst'sche Gleichungen. Falls eine der Komponenten der Teilgleichung die Oxidationsstufe 0 besitzt (hier im Sinne von festen oder gasförmigen Komponenten), wird ihre Konzentration in der Nernst'schen Gleichung zu 1 gesetzt.

Redox- und Elektrochemie

Beispiele

Wie groß ist das Potential einer 0,01 molaren Cu^{2+}/Cu Halbzelle gegenüber einer 0,0001 molaren Zn^{2+}/Zn Halbzelle?

- Teilgleichung für Cu^{2+}/Cu^0: $Cu^{2+} + 2e \rightarrow Cu^0$
- Teilgleichung für Zn^{2+}/Zn^0: $Zn^0 \rightarrow Zn^{2+} + 2e$
- Aufstellen der Nernst'schen Gleichung:

$$E((Cu^{2+})/(Cu^0)) = E° + \frac{0,06}{2} \cdot lg\frac{[Cu^{2+}]}{[Cu^0]}$$

$$E((Cu^{2+})/(Cu^0)) = 0,34 + \frac{0,06}{2} \cdot lg\frac{[0,01]}{[1]} = 0,28 V$$

$$E((Zn^{2+})/(Zn^0)) = E° + \frac{0,06}{2} \cdot lg\frac{[Zn^{2+}]}{[Zn^0]}$$

$$E((Zn^{2+})/(Zn^0)) = -0,76 + \frac{0,06}{2} \cdot lg\frac{[0,0001]}{[1]} = -0,88 V$$

- $\Delta E = E_{Kathode} - E_{Anode} = 0,28 - (-0,88) = 1,16$ V

9.7.1 Konzentrationszellen

Eine Zelle kann aus zwei Elektroden aufgebaut werden, die aus demselben Material bestehen, sich jedoch in ihrer Ionenkonzentration unterscheiden.

Die Halbzelle mit höherer Ionenkonzentration hat eine ausgeprägte Tendenz zur Reduktion (Kathode), während die weniger konzentrierte Halbzelle zur Oxidation neigt (Anode).

Wenn $[M^{n+}]_1 > [M^{n+}]_2$,

$$\Delta E = \frac{0,06}{z} \cdot lg\frac{[M^{n+}]_1}{[M^{n+}]_2}$$

9.8 Übungsaufgaben

1. Bestimmen Sie die Oxidationszahlen der Atome in folgenden Verbindungen:
   KNO_2, HCl, CO, $KMnO_4$, NO_3^-, NH_4^+, SO_3^{2-}, $HClO_4$, $HClO$.

2. Die Oxidationsstufe von Mangan im Kaliumpermanganat ($KMnO_4$) beträgt
   (A) +1
   (B) +2
   (C) +5
   (D) +7
   (E) +9

3. Welche der angeführten Reaktionen stellen Redoxreaktionen dar? Geben Sie die Oxidationszahlen bzw. deren Veränderung an.
   a) $MgCO_3 + 2HCl \rightarrow MgCl_2 + CO_2 + H_2O$
   b) $Zn + HNO_3 \rightarrow Zn(NO_3)_2 + H_2$
   c) $2NaNO_3 \rightarrow 2NaNO_2 + O_2$
   d) $SO_3 + H_2O \rightarrow H_2SO_4$
   e) $Cu + 4HNO_3 \rightarrow Cu(NO_3)_2 + 2NO_2 + 2H_2O$

4. Welche Aussage zu nachfolgender Reaktion trifft nicht zu?
   $x\, Fe + y\, O_2 + z\, H_2O \rightarrow 4Fe(OH)_3$
   (A) $x = 4$
   (B) $y = 3$
   (C) $z = 4$
   (D) O_2 ist das Oxidationsmittel.
   (E) Fe wird zu Fe^{3+} oxidiert.

5. Wie viele Elektronen werden bei der Umwandlung von Kaliumjodat (KJO_3) in Kaliumjodid auf das Jodatom übertragen?
   (A) 3
   (B) 8
   (C) 5
   (D) 6
   (E) keine

6. Metallisches Kupfer wird durch konzentrierte Salpetersäure in $Cu(NO_3)_2$ überführt, wobei das Stickstoffdioxid entsteht. Wie lauten Reduktions-, Oxidations- und Gesamtreaktionsgleichung?

7. Formulieren Sie die Redox-Teilreaktionen und die stöchiometrische Gesamtgleichung für die Umsetzung von Eisen(II)-sulfat mit Kaliumpermanganat in saurer Lösung.

8. Stellen Sie für die folgende Reaktion die Nernstsche Gleichung auf.
   $MnO_4^- + 5Fe^{2+} + 8H^+ \rightarrow Mn^{2+} + 5Fe^{3+} + 4H_2O$

9. Drei Redoxsysteme reihen sich wie folgt in der Spannungsreihe:
   $Zn \rightarrow Zn^{2+} + 2e-$
   ($E° = -0{,}76\ V$)
   $Cu \rightarrow Cu^{2+} + 2e-$
   ($E° = +0{,}35\ V$)
   $Ag \rightarrow Ag^+ + e-$
   ($E° = +0{,}81\ V$)
   Welche Aussage trifft nicht zu?
   (A) Cu^{2+} vermag Zn zu oxidieren.
   (B) Die Reaktion $Cu + 2Ag^+ \rightarrow Cu^{2+} + 2Ag$ läuft freiwillig ab.
   (C) Elektronen fließen freiwillig vom Ag zum Zn^{2+}.
   (D) Ag^+ ist das stärkste Oxidationsmittel in der Reihe.
   (E) Die angegebenen Normalpotentiale können unter Standardbedingungen durch Messung gegen eine Normalwasserstoffelektrode bestimmt werden.

Redox- und Elektrochemie

10. Wie sind bei einem galvanischen Element Anode und Kathode definiert?

11. Welche Vorgänge spielen sich an den Elektroden eines galvanischen Elements ab, dessen Anode aus Eisen und dessen Kathode aus Kupfer besteht? (Reaktionsgleichungen)

12. Eine elektrochemische Zelle aus zwei Wasserstoffhalbzellen hat eine Potentialdifferenz von 0,2 V. Die eine Halbzelle ist die Standardelektrode. Welche pH-Werte haben die Elektrolyte der beiden Halbzellen?

13. Eine Silberkonzentrationskette hat eine Spannung von 0,1 V. Wie groß ist der Quotient der Silberionenkonzentrationen der beiden Halbzellen?

14. Die Spannung zwischen einem Silberdraht, der in eine 1 M Chloridlösung eintaucht, die AgCl enthält, und einer Standardsilberelektrode beträgt 0,556 V. Berechnen Sie damit das Löslichkeitsprodukt von AgCl.

15. Vervollständigen Sie folgende Reaktionsgleichungen:
a) $Cu + NO_3^- \rightarrow Cu^{2+} + NO$ (saure Lösung)
b) $Cr_2O_7^{2-} + Cl^- \rightarrow Cr^{3+} + Cl_2$ (saure Lösung).

Kapitel 10
Spezielle analytische Verfahren

10.1 Photometrische Bestimmungen

Die Photometrie nutzt die Intensität der Färbung von Lösungen als Kriterium für die Konzentrationsbestimmung.

Ein Lichtstrahl der Intensität I_0 und der Wellenlänge λ wird bei konstanter Temperatur in eine homogene Lösung eingestrahlt. Die Intensität des Lichtstrahls erfährt durch Wechselwirkung mit den Molekülen, die er auf seinem Wege durch die Lösung antrifft, eine Schwächung. Diese ist um so größer, je länger der zurückzulegende Weg und je höher die Molekülzahl ist. Die Intensitätsschwächung ist somit proportional zur Weglänge d und zur Konzentration c.

$$I = I_0 \cdot \exp(-\varepsilon' \cdot c \cdot d)$$

$$E = \lg\frac{I_0}{I} = \varepsilon \cdot c \cdot d$$

ε' - natürlicher molarer Extinktionskoeffizient [l/(mol·cm)]
c - Konzentration [mol/l]
d - Schichtdicke [cm]

Die Umwandlung mit der Einführung des dekadischen Logarithmus führt zum **Lambert-Beer'schen Gesetz**.

E bezeichnet man als **Extinktion**. Die Extinktion wird mit einem Photometer gemessen.

ε wird als **Extinktionskoeffizient** bezeichnet. Sein Zahlenwert ist abhängig vom gewählten Konzentrationsmaß. Wird die Konzentration in mol/l verwendet, dann heißt ε molarer Extinktionskoeffizient. Und da die Extinktion als Verhältnis der dekadischen Logarithmen angegeben wird, wird ε auch als **dekadischer molarer Extinktionskoeffizient** bezeichnet. Seine Dimension ist [l/(mol·cm)].

Bei konstanter Schichtdicke d ergibt sich somit eine lineare Abhängigkeit zwischen Extinktion E und Konzentration c.

ε lässt sich berechnen, wenn für eine Reihe bestimmter Konzentrationen c (bei konstanter Weglänge d) die zugehörigen Extinktionen E bestimmt werden. Da die Extinktionen in dem hier betrachteten Messbereich linear von der Konzentration abhängen, lässt sich ε auch als Steigung aus der graphischen Darstellung der Messwerte E gegen die Konzentration c ablesen.

Spezielle analytische Verfahren

10.2 Dünnschicht-Chromatographie (DC)

Die Chromatographie stellt ein einfaches Verfahren zur qualitativen und quantitativen Analyse von Substanzgemischen dar.

Bei der hier benutzten Form trägt man das zu analysierende Substanzgemisch auf einen geeigneten Träger (z. B. Kieselgel-, Aluminiumoxid- oder Celluloseschichten) auf und lässt ein Lösungsmittel über die Trägerschicht fließen. Dabei werden zur Trennung zum einen die unterschiedlichen Löslichkeiten von Substanzen in verschiedenen Lösungsmitteln (Verteilungschromatographie) und zum anderen die unterschiedliche Adsorption an der jeweiligen Trägerschicht (Adsorptionschromatographie) wirksam. In der Regel liegen anteilig beide Grenzformen gleichzeitig nebeneinander vor. Wird bei der Verteilungschromatographie ein aus nur einer Komponente bestehendes Fließmittel verwendet, dann findet die Substanztrennung praktisch zwischen der dünnen Wasserschicht auf dem "lufttrockenen" Träger (stationäre Phase) und dem "laufenden" Lösungsmittel (mobile Phase) statt. Hier ist die Fließmittelfront durch die mobile Phase eindeutig definiert. Bei mehrkomponentigen Fließmitteln wird der Vorgang komplizierter, da es zur Ausbildung mehrerer Fließmittelfronten kommt. Wir werden uns in der Praxis immer auf die oberste Fließmittelfront beziehen.

Unterschiedliche Substanzen legen im allgemeinen unterschiedliche Wege zurück. Diese "Laufstrecken" sind unter genormten Versuchsbedingungen für eine Substanz spezifisch, so dass das Verhältnis der Laufstrecke einer Substanz zur Laufstrecke der jeweiligen Fließmittelfront als konstant angesehen werden kann. Dieses Verhältnis wird als **Rf - Wert** bezeichnet ($0 < Rf < 1$).

$$Rf = \frac{LS_{Subst}}{LS_{Lsm}}$$

LS_{Subst} - Laufstrecke der Substanz

LS_{Lsm} - Laufstrecke des Lösungsmittels

Grundsätzlich ist bei allen Arten der Chromatographie darauf zu achten, dass die Ergebnisse sehr stark von den Versuchsbedingungen abhängen, wie zum Beispiel von der Wahl des Lösungsmittels, der Temperatur, dem Trägermaterial und der Konzentration der Analysenlösung.

10.3 Ionenaustauscher

Ionenaustauscher sind in der Biochemie ein unentbehrliches Werkzeug zur Trennung komplizierter Stoffgemische wie Aminosäure-, Peptid- und Proteingemische. Daher ist es notwendig, sich auch mit den Grundlagen dieser Labortechnik vertraut zu machen.

Ionenaustauscher sind feste, unlösliche Substanzen, die an örtlich festen Ladungen austauschbare Anionen oder Kationen tragen. Handelt es sich um austauschbare Kationen, so spricht man von **Kationenaustauschern**, handelt es sich um Anionen, die ausgetauscht werden, so spricht man von **Anionenaustauschern**. Formal lassen sich die Vorgänge auf dem Austauscher durch folgende Gleichungen ausdrücken:

- $2NaX + CaCl_2 \rightarrow CaX_2 + 2NaCl$ (Kationenaustauscher)
- $2XCl + Na_2SO_4 \rightarrow X_2SO_4 + 2NaCl$ (Anionenaustauscher).

Die üblichen Ionenaustauscher bestehen aus hochpolymeren dreidimensional vernetzten Makromolekülen, sogenannten Kunstharzen. Diese Gerüste tragen charakteristische Gruppen, an denen der Austausch geschieht:

- Kationenaustauscher: $X = -SO_3^-$ (stark sauer), $-COO^-$ (schwach sauer).
- Anionenaustauscher: $X = R_4N^+$ (stark basisch), R_3NH^+, $R_2NH_2^+$, RNH_3^+ (schwach basisch).

Der Austausch erfolgt stöchiometrisch. Dabei spielen Größe, Ladung und Konzentration der Ionen eine wichtige Rolle.

Es handelt sich in erster Linie um elektrostatische Bindungskräfte. Diese lassen sich durch Ionen stärkerer Ladung oder höherer Konzentration lösen, d.h. die Austauscherbelegung ist reversibel. Bei einer gegebenen Konzentration findet man Reihen wachsender bzw. fallender Affinität der Ionen zum Austauscher.

Praktisch wird der Ionenaustausch in Säulen durchgeführt, die das Austauschharz in einer Flüssigkeit (in der Regel das Elutionsmittel) aufgeschlämmt enthalten. Das zu trennende Ionengemisch wird auf die Säule aufgebracht. Ein anschließend durchfließendes Elutionsmittel sorgt für den Transport der Ionen durch die Säule. Dabei ergeben sich entsprechend den unterschiedlichen Affinitäten unterschiedliche Verweilzeiten der Ionen auf dem Austauscher, es findet eine Auftrennung statt.

Die durchlaufende Lösung, das Eluat, wird in einzelnen Fraktionen abgenommen, deren Volumina vom gestellten Trennproblem abhängen. Die Kapazität eines Ionenaustauschers ist bedingt durch die Zahl der aktiven Zentren auf der zugänglichen Oberfläche des Austauschharzes.

10.4 Extraktion

Bei der Extraktion kommt es zu einer Verteilung einer Substanz zwischen zwei nicht mischbaren Flüssigkeiten.

Spezielle analytische Verfahren

Der gelöste Stoff verteilt sich so, dass das Verhältnis seiner Konzentrationen in beiden Flüssigkeiten bei gegebener Temperatur konstant bleibt.

Es gilt das **Nernstsche Verteilungsgesetz**.

K wird als **Verteilungskoeffizient** bezeichnet.

Für die Berechnung kann man jede Konzentrationseinheit einsetzten (z.B. g/l, mol/l, usw.) solange im Zähler und Nenner gleiche Einheiten verwendet werden.

$$K = \frac{c_A(O)}{c_A(U)}$$

c_A - Konzentrationen eines Stoffes A in der Oberphase bzw. Unterphase.

Beispiel

a) 25 ml einer wässrigen Jodlösung, die 2 mg Jod enthält, werden mit 5 ml CCl_4 ausgeschüttelt. Wie viel Jod bleibt in der wässrigen Phase zurück? ($K = 1,2 \cdot 10^{-2}$)

b) Wie viel Jod bleibt noch in der wässrigen Phase, wenn man ein zweites mal mit 5 ml CCl_4 ausschüttelt?

- a) x sei die Masse Jod in mg, die im Gleichgewicht in der wässrigen Phase vorliegt.
  Dann ist die im CCl_4 gelöste Jodmenge (2-x) mg.
  Die Konzentration von Jod im Wasser beträgt:
  C(O) = x/25 (mg/ml)
  und im CCl_4 C(U) = (2-x)/5 (mg/ml).

$$K = \frac{C(O)}{C(U)} = 1,2 \times 10^{-2}$$

$$\frac{\frac{x}{25}}{\frac{2-x}{5}} = 1,2 \times 10^{-2}$$

$$\frac{x}{5 \cdot (2-x)} = 1,2 \times 10^{-2}$$

$$\frac{x}{2-x} = 0,06$$

x = 0,11 mg

- b) y sei die im Wasser verbleibende Jodmenge nach der 2.Extraktion.
  Dann ist die im CCl_4 gelöste Jodmenge (0,11-y) mg.

$$\frac{\frac{y}{25}}{\frac{0,11-y}{5}} = 1,2 \times 10^{-2}$$

$$\frac{y}{0,11-y} = 0,06$$

y = 0,0062 mg

10.5 Übungsaufgaben

1. Eine $CaCl_2$-Lösung wird über einen sauren Kationenaustauscher geschickt. Die Titration der durchgelaufenen Lösung ergibt einen Verbrauch von 5 ml 0,2 M NaOH. Wie viele Milligramm Ca^{2+}-Ionen waren in der Probe?

2. Eine unbekannte Menge an Natriumsulfat in Wasser wird über einen stark basischen Ionenaustauscher gegeben und mit dest. Wasser eluiert. Das Eluat wird mit 9 ml 0,1 N Salzsäure titriert. Wie viel Gramm Natriumsulfat enthielt die ursprüngliche Lösung?

3. Der molare dekadische Exinktionskoeffizient eines Komplexes beträgt bei 470 nm $9{,}35 \cdot 10^3$ l/(cm·mol). Berechnen Sie die Exinktion einer $2{,}52 \cdot 10^{-5}$ molaren Lösung dieses Komplexes bei 470 nm unter Verwendung einer 1,25 cm Küvette.

Kapitel 11
Nomenklatur der Organischen Chemie

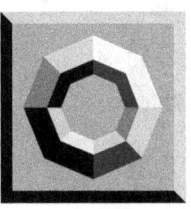

Die chemische Nomenklatur ist mit einer Sprache vergleichbar. Das Hauptziel der chemischen Nomenklatur ist es, Methoden für die Zuordnung von Namen und Formeln zu chemischen Substanzen bereitzustellen und dadurch die Kommunikation zu erleichtern.

Nomenklatursysteme verwenden stets einen Stamm, auf dem der Name aufgebaut wird. Dieser Stamm kann vom Namen einer Stammverbindung abgeleitet werden. In der organischen Nomenklatur wurde die sogenannte homologe Reihe der Alkane mit wachsender Kohlenstoffzahl zugrunde gelegt.

CH_4	Methan
C_2H_6	Ethan
C_3H_8	Propan
C_4H_{10}	Butan
C_5H_{12}	Pentan
C_6H_{14}	Hexan
C_7H_{16}	Heptan
C_8H_{18}	Oktan
C_9H_{20}	Nonan
$C_{10}H_{22}$	Dekan

Unter **homologen Reihen** versteht man Reihen von Verbindungen, bei denen sich aufeinanderfolgende Glieder durch die Atomgruppierung **-CH₂-** unterscheiden, wobei sich die Eigenschaften innerhalb der Reihe mit zunehmender Kettenlänge gesetzmäßig ändern.

Die Verbindungsnamen werden durch Kombinieren vom Stamm mit anderen Einheiten (Präfixen und Suffixen) konstruiert.

Suffixe (Endungen) können z.B. den Sättigungsgrad einer Stammverbindung spezifizieren.

Beispiele
Hex**an**, Hex**en**, Hex**in**.

Kapitel 11

Präfixe (Vorsilben) bezeichnen z.B. Substituenten.

Beispiele
Chlorbutan, **Amino**essigsäure.

Die Internationale Union für Reine und Angewandte Chemie (IUPAC) hat bestimmte Regeln festgelegt, um die Nomenklatur zu standardisieren.

1. Man wählt die längste unverzweigte Kohlenstoffkette (**Hauptkette**), die für die jeweilige homologe Reihe charakteristisch ist (z.B. mit Doppelbindungen)
2. Alle anderen Gruppen werden als **Substituenten** betrachtet. Diese werden nach folgender Prioritätenliste beurteilt. (Priorität nimmt von oben nach unten ab)

Verbindungsklasse	Formel	Suffix	Präfix
Carbonsäure	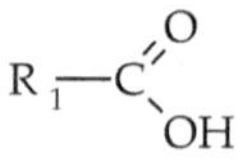 $R_1-C\begin{smallmatrix}\nearrow O\\\searrow OH\end{smallmatrix}$	-säure -carbonsäure	(Carboxy-)
Säureanhydrid	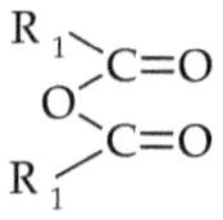 $\begin{smallmatrix}R_1\\\searrow C=O\\O\\\nearrow C=O\\R_1\end{smallmatrix}$	-säureanhydrid	-
Ester	$R_1-C\begin{smallmatrix}\nearrow O\\\searrow O-R_2\end{smallmatrix}$	-[Stamm]oat	Alkoxycarbonyl- Aryloxycarbonyl-
Säurehalogenid	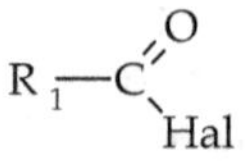 $R_1-C\begin{smallmatrix}\nearrow O\\\searrow Hal\end{smallmatrix}$	-yl[Halogenid]	[Halogen]formyl
Säureamid	$\begin{smallmatrix}O\\\|\|R_2\\R_1\nearrow C-N\searrow R_3\end{smallmatrix}$	-amid	Carbamoyl-
Nitril	$R_1-C\equiv N$	-nitril -carbonitril	Cyano-

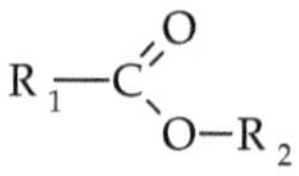

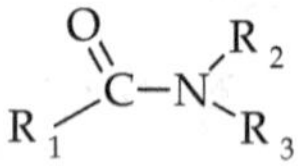

Nomenklatur der Organischen Chemie

Verbindungs-klasse	Formel	Suffix	Präfix
Aldehyd	$R_1-C{\lessgtr}^O_H$	[Stamm]al -carbaldehyd	Formyl-
Keton	$R_1-\underset{\underset{O}{\|\|}}{C}-R_2$	<Stamm>on -keton	Oxo-
Alkohol	R_1-OH	-ol	Hydroxy-
Phenol	$Ar-OH$	-ol	Hydroxy-
Thiol	R_1-SH	-thiol	Mercapto-
Amin	$R_1-\underset{\underset{R_3}{\|}}{N}-R_2$	-amin	Amino-
Ether	R_1-O-R_2	-ether	[Gruppe]oxy-
Alken	$R_2{\gtrless}C=C{\lessgtr}^{R_4}_{R_3}$ (R_1)	[Stamm]en	[Gruppe]enyl-
Alkin	$R_1-C\equiv C-R_2$	[Stamm]in	[Gruppe]inyl-
Halogen-verbindungen	$R-Hal$	-	[Halogen]-
Alkan	-	-an	[Gruppe]yl-

3. Die Gruppe mit der höchsten Priorität gibt den Suffixnamen.
4. Ausgehend von dieser Gruppe nummeriert man die Hauptkette und die Anzahl der Kohlenstoffatome dieser Kette legt den Stammnamen fest.
5. Alle anderen Substituenten ordnet man alphabetisch mit dazu gehörigen Positionszahlen.

6. Sollte eine Gruppe mehrmals in der Verbindung vorkommen, so wird sie mit folgenden Zahlsilben gekennzeichnet:

einmal:	mono-,
zweimal:	di-,
dreimal:	tri-,
viermal:	tetra-,
fünfmal:	penta-,
sechsmal:	hexa-, usw.

7. Wenn eine Verbindung zwei oder mehr Ketten gleicher Länge enthält, dann wählt man als Hauptkette diejenige, die mehr Substituenten hat.

8. Wenn es in der Hauptkette mehrere Alkylgruppen gibt, dann wählt man die Nummerierungsrichtung, bei der die Summe der Positionszahlen minimal ist.

Beispiele

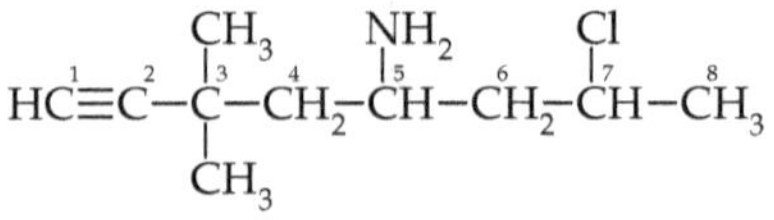

$$HC\equiv\overset{1}{C}-\overset{2}{\underset{\underset{CH_3}{|}}{\overset{\overset{CH_3}{|}}{C}}}-\overset{3}{CH_2}-\overset{4}{\underset{\underset{}{|}}{\overset{\overset{NH_2}{|}}{CH}}}-\overset{5}{CH_2}-\overset{6}{\underset{}{\overset{\overset{Cl}{|}}{CH}}}-\overset{7}{CH_3}$$

5-Amino-7-chlor-3,3-dimethyloktin-1

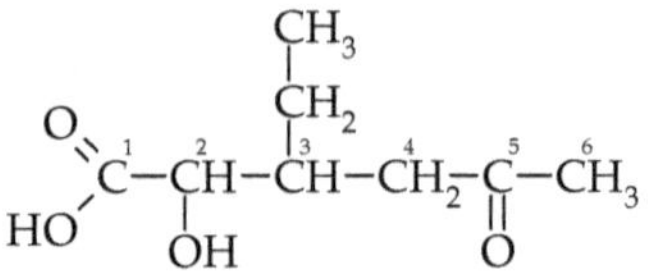

$$\underset{HO}{\overset{O}{\diagdown}}\overset{1}{C}-\overset{2}{\underset{\underset{OH}{|}}{CH}}-\overset{3}{\underset{\underset{CH_2}{|}\atop\underset{CH_3}{|}}{CH}}-\overset{4}{CH_2}-\overset{5}{\underset{\underset{O}{||}}{C}}-\overset{6}{CH_3}$$

3-Ethyl-2-hydroxy-5-oxohexansäure

Neben dieser rationalen Nomenklatur gibt es noch einige Trivialnamen für verzweigte Reste:

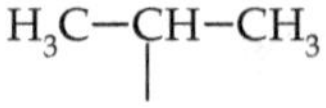

$$H_3C-\underset{|}{CH}-CH_3 \qquad H_3C-\underset{|}{CH}-CH_2-CH_3 \qquad H_3C-\underset{|}{\overset{\overset{CH_3}{|}}{C}}-CH_3$$

Isopropyl- 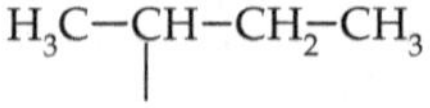   **Isobutyl-** 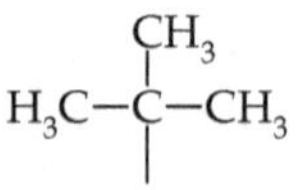   **tert-Butyl-**

Nomenklatur der Organischen Chemie

Bei Carbonylverbindungen (Verbindungen mit C=O-Gruppe, z.B. Säuren, Ester, Amide, Ketone) gibt es noch eine veraltete Nomenklatur, die gelegentlich in diesem Bereich Verwendung findet. Demnach wird der Kohlenstoff neben Carboxylgruppe als α, der darauffolgende als β, usw. bezeichnet. Diese Bezeichnung überträgt sich auch auf die Gruppen, die an dem Kohlenstoff gebunden sind.

Beispiele

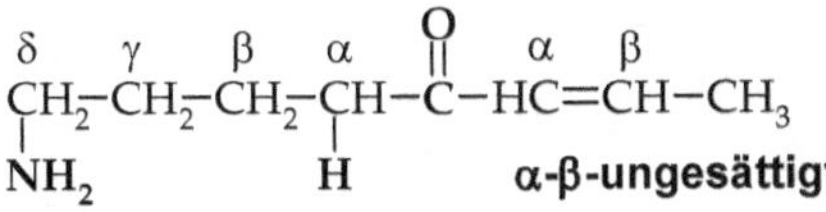

$$\underset{NH_2}{\overset{\delta}{CH_2}}-\overset{\gamma}{CH_2}-\overset{\beta}{CH_2}-\underset{H}{\overset{\alpha}{CH}}-\overset{O}{\overset{\|}{C}}-\overset{\alpha}{HC}=\overset{\beta}{CH}-CH_3$$

δ-Aminogruppe   α-Wasserstoff   α-β-ungesättigt

$$C_6H_5-\overset{\beta}{CH_2}-\underset{NH_2}{\overset{\alpha}{CH}}-C\overset{O}{\underset{OH}{\diagup}}$$

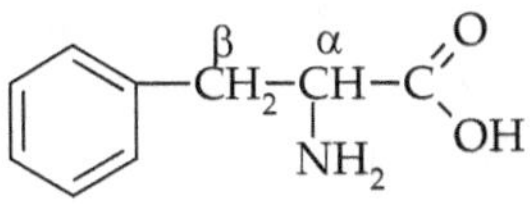

Phenylalanin
α-Amino-β-phenyl-propionsäure

Bei disubstituierten Aromaten wird die Stellung der Substituenten durch Zahlen oder durch die Buchstaben o- (=**ortho**), m- (=**meta**), p- (=**para**) angegeben.

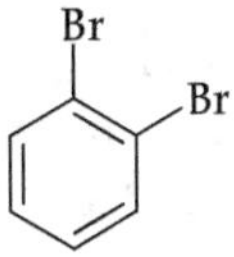

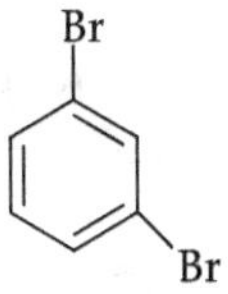

1,2-Dibrombenzol   1,3-Dibrombenzol   1,4-Dibrombenzol
(ortho)   (meta)   (para)

Um Bindungsverhältnisse genauer charakterisieren zu können, hat man die Kohlenstoffatome einer verzweigten Kette als **primäre, sekundäre, tertiäre** bzw. **quartäre** Kohlenstoffatome bezeichnet, je nach dem, ob sie mit einem, zwei, drei oder vier weiteren Kohlenstoffatomen verbunden sind.

Kapitel 11

$$H_3C-CH_2-CH-\underset{\underset{CH_3}{|}}{\overset{\overset{CH_3}{|}}{C}}-CH_3 \quad \text{Primär}$$

$$H_3C-CH_2-CH-\underset{\underset{CH_3}{|}}{\overset{\overset{CH_3}{|}}{C}}-CH_3 \quad \text{Sekundär}$$

$$H_3C-CH_2-CH-\underset{\underset{CH_3}{|}}{\overset{\overset{CH_3}{|}}{C}}-CH_3 \quad \text{Tertiär}$$

$$H_3C-CH_2-CH-\underset{\underset{CH_3}{|}}{\overset{\overset{CH_3}{|}}{C}}-CH_3 \quad \text{Quartär}$$

11.1 Übungsaufgaben

1. Worin unterscheiden sich die Glieder einer homologen Reihe?
2. Wie viele Chlorsubstitutionsprodukte des Methans gibt es?
3. Wie heißen die verschiedenen Dichlorbenzolmoleküle? Belegen Sie Ihre Angaben mit Strukturformeln der Moleküle.
4. Wie heißt das Molekül $(C_6H_5)CH=CHCH_3$?
5. Benennen Sie folgende Verbindungen:

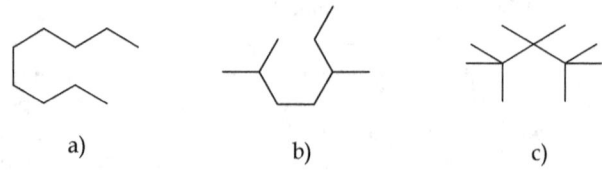

a) b) c)

Nomenklatur der Organischen Chemie

6. Benennen Sie nachfolgende Verbindungen:

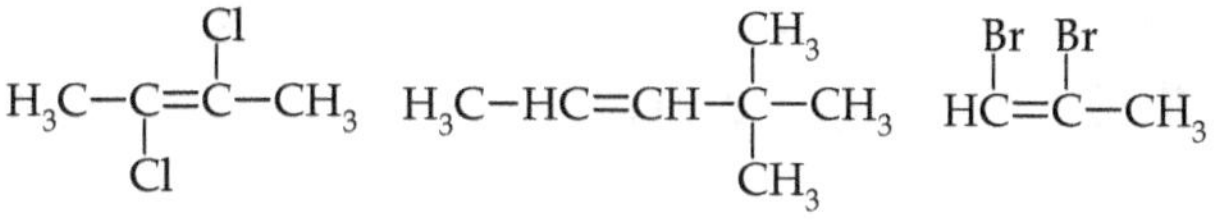

a) $H_3C-\underset{Cl}{\overset{Cl}{C}}=C-CH_3$
b) $H_3C-HC=CH-\underset{CH_3}{\overset{CH_3}{C}}-CH_3$
c) $\overset{Br}{HC}=\overset{Br}{C}-CH_3$

7. Zeichnen Sie die Strukturformel der unten angegebenen Verbindungen:
a) 2-Methylbutan
b) 2,2,3-Trimethylbutan
c) 5-Ethyl-2,5-dimethylnonan
d) 3-Isopropylpentan
e) 2-Brom-3,4-dimethylpentan
f) 3,4-Dichlor-1-butanol
g) 1,1,1-Trichlorethan
h) 2-Brom-3-chlornonan
i) cis-2,3-Difluor-2-buten
j) 2,3-Dichlorbuta- 1,3-dien
k) 2,2,3-Trimethylbutan-1,4-diol
l) Methylisopropylether
m) 2,2'-Dibromdiethylether
n) 2,2-Dichlorethansäure
o) 2,3-Dimethylbutandisäure
p) 2-Aminopentansäure
q) Nonan-3,5-dicarbonsäure
r) 2-Chlorpropanal
s) 1-Brompropanon-2
t) Ethylmethylketon
u) Propansäureethylester (Ethylpropanoat)
v) 3-Methylpentan-2,4-dion
w) 4-Brom-3-hexanol
x) Chloressigsäurebenzylester
y) Ethylpropylether
z) Cyclohexylamin.

Kapitel 12

Isomerie

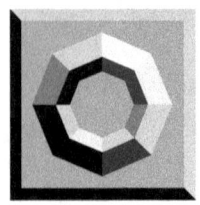

Trotz der geringen Zahl der beteiligten Elemente liegt die Zahl der organischen Verbindungen wesentlich höher als die der anorganischen. Bisher kennt man 4 Millionen organische Verbindungen. Diese Vielfalt kommt nicht zuletzt wegen des Phänomens der Isomerie zustande.

Unter Isomerie versteht man, dass zwei oder mehrere Moleküle die **gleiche Summenformel**, jedoch verschiedene Struktur oder verschiedene räumliche Anordnung der Atome besitzen. Isomere zeigen verschiedenes physikalisches und chemisches Verhalten. Dabei unterscheidet man zwischen folgenden Isomeriearten.

12.1 Konstitutionsisomerie

Konstitutionsisomerie beruht auf der unterschiedlichen Anordnung der Atome in den Molekülen.

12.1.1 Kettenisomerie

$H_3C-CH_2-CH_2-CH_3$ $H_3C-CH(CH_3)-CH_3$

n-Butan   Isobutan

Unverzweigte Ketten erhalten das Präfix n- (normal) und verzweigte iso- (isomer).

$H_3C-CH_2-CH_2-CH_2-CH_3$ $H_3C-CH(CH_3)-CH_2-CH_3$ $H_3C-C(CH_3)_2-CH_3$

n-Pentan   Isopentan   Neopentan

12.1.2 Stellungsisomerie

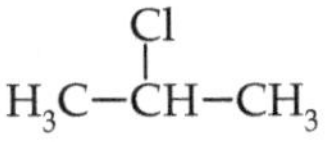

$H_3C-CHCl-CH_3$ $H_3C-CH_2-CH_2-Cl$

2-Chlorpropan   1-Chlorpropan

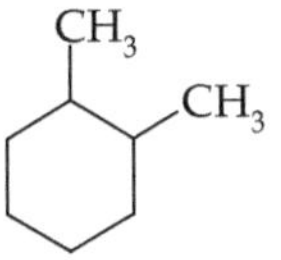

1,2-Dimethylcyclohexan

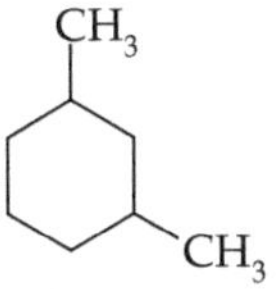

1,3-Dimethylcyclohexan

1,4-Dimethylcyclohexan

12.1.3 Isomerie funktioneller Gruppen

H_3C-CH_2-OH $H_3C-O-CH_3$

Ethanol   Dimethylether

$H_3C-CH_2-CH_2-CH_2-OH$ $H_3C-CH_2-O-CH_2-CH_3$

n-Butanol   Diethylether

12.1.4 Keto-Enol-Tautomerie

Tautomerie tritt z.B. durch Wanderung eines Protons innerhalb eines Moleküls auf. Bei einer Tautomerie handelt es sich um ein Gleichgewicht zwischen zwei strukturisomeren Stoffen. Dieses Gleichgewicht lässt sich nicht unterdrücken, die strukturisomeren Stoffe sind nicht voneinander trennbar. Die Einstellung des Gleichgewichts erfolgt immer über mesomere Grenzstrukturen. In diesem Fall sieht die Reaktion wie folgt aus:

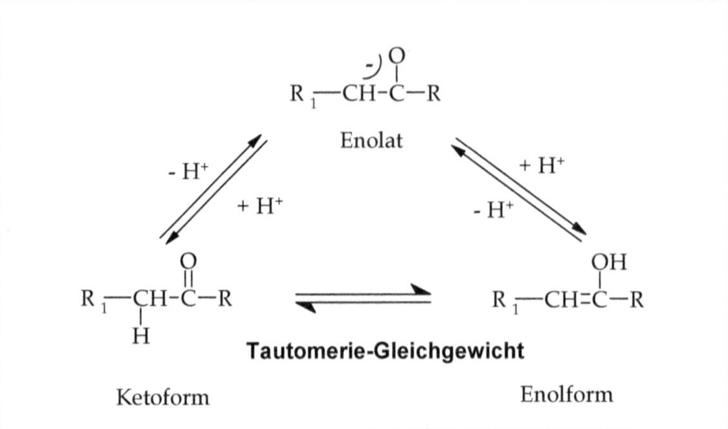

$$R_1-\overset{\ominus}{C}H-\overset{O}{\underset{\|}{C}}-R$$

Enolat

$-H^+$ / $+H^+$ / $+H^+$ / $-H^+$

$$R_1-\underset{H}{\overset{\overset{O}{\|}}{C}H-C}-R \;\rightleftharpoons\; R_1-CH=\overset{OH}{\underset{|}{C}}-R$$

Tautomerie-Gleichgewicht

Ketoform　　　　　　　　　　Enolform

Im zweiten Schritt geht das Wasserstoffion natürlich an die Stelle, an der sich die negative Ladung befindet. Das Gleichgewicht liegt im Regelfall auf der Seite des Ketons.

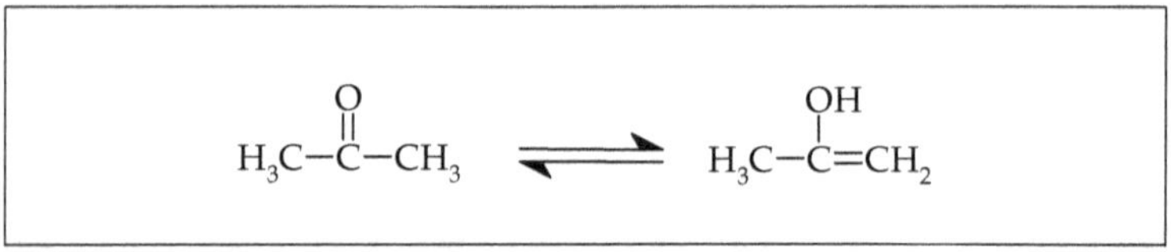

$$H_3C-\overset{O}{\underset{\|}{C}}-CH_3 \;\rightleftharpoons\; H_3C-\overset{OH}{\underset{|}{C}}=CH_2$$

12.2 Konfigurationsisomerie

Konfigurationsisomerie entsteht durch verschiedene räumliche Anordnung der Liganden an dem gleichen C-Atom.

Isomerie

12.2.1 Enantiomerie (Optische Isomerie)

Enantiomerie ist abhängig von der Anwesenheit eines asymmetrischen C-Atoms, eines C-Atoms mit vier verschiedenen Liganden, symbolisch dargestellt durch C*. Alle Moleküle, die ein **asymmetrisches C-Atom** enthalten, sind optisch aktiv, d.h., ihre Lösungen drehen die Schwingungsebene des polarisierten Lichtes.

$$Cl\text{–}\overset{CH_3}{\underset{H}{C^*}}\text{–}CH_2\text{–}CH_3 \qquad H_3C\text{–}CH_2\overset{CH_3}{\underset{H}{\text{–}C^*\text{–}}}Cl$$

(-)-2-Chlorbutan | (+)-2-Chlorbutan

Optisch aktive Moleküle, die sich wie Bild und Spiegelbild verhalten, heißen **Enantiomere**. Sie besitzen die gleichen chemischen und physikalischen Eigenschaften bis auf die **unterschiedliche Drehrichtung** der Schwingungsebene des polarisierten Lichtes. Dabei ist der Betrag der Drehrichtung gleich.

Unabhängig von der Drehrichtung hat man für die Kennzeichnung der optischen Antipoden als Bezugsstoffe die isomeren Moleküle des Glycerinaldehyds zugrunde gelegt.

$$H\text{–}\overset{CHO}{\underset{CH_2\text{–}OH}{C^*\text{–}OH}} \qquad HO\text{–}\overset{CHO}{\underset{CH_2\text{–}OH}{C^*\text{–}H}}$$

D-Glycerinaldehyd   L-Glycerinaldehyd

Nach dieser Nomenklatur (**Fischer-Projektionen**) gehören alle chiralen Verbindungen, die auf D-Glycerinaldehyd zurückführen lassen, zur D-Reihe, die anderen zur L-Reihe.

$$H\text{–}\overset{COOH}{\underset{CH_3}{C\text{–}NH_2}} \qquad H_2N\text{–}\overset{COOH}{\underset{CH_3}{C\text{–}H}}$$

D-Alanin   L-Alanin

Die **D,L-Nomenklatur** ist insbesondere bei den Zucker und Aminosäuren eingeführt und wird in der Biochemie verwendet.

Diese Nomenklatur hat sich für komplizierte chirale Moleküle jedoch als unbrauchbar erwiesen und wurde durch die **R,S-Nomenklatur** ersetzt. Dazu benötigt man die Sequenzregel (**Chiralitätsregel**):

1. Der Substituent mit der größten Ordnungszahl erhält die höchste Priorität.
2. Bei gleichen Atomen in erster Nachbarschaft entscheidet die Ordnungszahl der Atome, die als zweite kommen.
3. Doppelbindungen zählen doppelt und Dreifachbindungen zählen dreifach.

Nach der Chiralitätsregel wird das chirale Zentrum so im Raum orientiert, dass der Substituent niedrigster Priorität **d** vom Betrachter weg zeigt. Schaut man dann entlang der Bindung vom asymmetrischen C-Atom zu **d**, so gibt es zwei Möglichkeiten, eine Wanderung von **a** über **b** nach **c** zu vollziehen: im Uhrzeigersinn (rechtsherum, lateinisch rectus für rechts) oder, bei anderer Anordnung von **a, b** und **c**, entgegen dem Uhrzeigersinn (linksherum, lateinisch sinister für links). Im ersten Fall wird die absolute Konfiguration des asymmetrischen C-Atoms mit der Bezeichnung R, im zweiten Fall mit der Bezeichnung S gekennzeichnet.

12.2.2 Diastereomerie

Konfigurationsisomere, die keine Enantiomere sind, werden als Diastereomere bezeichnet.

Isomerie

12.2.3 π-Diastereomerie (cis-trans-Isomerie)

Diese Art der Isomerie tritt z.B. bei ungesättigten Verbindungen auf. Infolge der **Doppelbindung** ist die freie Drehbarkeit der C-C-Einfachbindung aufgehoben, und die Substituenten befinden sich in einer Ebene. Man spricht von der **cis-Form**, wenn die Substitutionspaare benachbart liegen, dagegen von der **trans-Form**, wenn sie diametral gegenüber liegen.

$$\underset{\text{trans-2-Buten}}{\overset{H_3C}{\underset{H}{>}}C=C\overset{H}{\underset{CH_3}{<}}} \qquad \underset{\text{cis-2-Buten}}{\overset{H}{\underset{H_3C}{>}}C=C\overset{H}{\underset{CH_3}{<}}}$$

In ihrer ursprünglichen Definition ist die cis-trans-Nomenklatur für π-Diastereomere nur dann eindeutig anwendbar, wenn zumindest ein Substituent an jedem C-Atom der Doppelbindung gleich ist. Ist dies nicht der Fall, treten Probleme auf. Daher ist man zu der universellen **Z/E-Nomenklatur** übergegangen, mit der alle geometrischen Situationen an jeglichen Doppelbindungen zwischen zwei Atomen erfasst werden können.

Nach der Vergabe der Konfigurationsbezeichnungen Z (zusammen) und E (entgegen) an die Diastereomeren wird dies als Z/E-Zuordnung bezeichnet. Um zu entscheiden, welcher Fall vorliegt, ermittelt man nach der schon bei der R, S-Nomenklatur vorgestellten Sequenzregel die Prioritäten der zwei Substituenten an jedem Atom der Doppelbindung. Nun prüft man, ob die gleichen Prioritäten zusammen auf einer Seite der Doppelbindung liegen oder auf entgegengesetzten Seiten. Danach ergibt sich die Konfiguration als (Z) oder (E).

Kapitel 12

$$\underset{\underset{b}{a}}{\overset{\underset{a}{b}}{\text{H}_3\text{C}}}\diagup\hspace{-0.5em}=\hspace{-0.5em}\diagdown\overset{a}{\underset{b}{\text{CH}_3}}\text{H}$$

cis- und E-Konfiguration

$$\underset{\underset{a}{a}}{\overset{\underset{a}{b}}{\text{H}_3\text{C}}}\diagup\hspace{-0.5em}=\hspace{-0.5em}\diagdown\overset{b}{\underset{a}{\text{H}}}\text{CH}_3$$

trans- und Z-Konfiguration

$$\underset{\underset{a}{a}}{\overset{\underset{a}{b}}{\text{H}_3\text{C}}}\diagup\hspace{-0.5em}=\hspace{-0.5em}\diagdown\overset{a}{\underset{b}{\text{C}_2\text{H}_5}}\text{H}$$

E-Konfiguration

$$\underset{\underset{a}{a}}{\overset{\underset{a}{b}}{\text{H}_3\text{C}}}\diagup\hspace{-0.5em}=\hspace{-0.5em}\diagdown\overset{b}{\underset{a}{\text{H}}}\text{C}_2\text{H}_5$$

Z-Konfiguration

cis-trans-Nomenklatur nicht anwendbar!

12.2.4 σ-Diastereomerie

Sind mehrere asymmetrische C-Atome im Molekül vorhanden, so sind auch Konfigurationsisomere möglich, bei denen nicht alle Asymmetriezentren spiegelbildlich zueinander sind.

$$\begin{array}{c} \text{CH}_3 \\ | \\ \text{H}-\overset{*}{\text{C}}-\text{OH} \\ | \\ \text{H}-\overset{*}{\text{C}}-\text{Br} \\ | \\ \text{CH}_3 \end{array} \qquad \begin{array}{c} \text{CH}_3 \\ | \\ \text{HO}-\overset{*}{\text{C}}-\text{H} \\ | \\ \text{H}-\overset{*}{\text{C}}-\text{Br} \\ | \\ \text{CH}_3 \end{array}$$

Diastereomere

Manchmal kann es vorkommen, dass ein Molekül eine Spiegelebene enthält. Man spricht von einer meso-Form. Eine meso-Form ist optisch inaktiv.

$$\begin{array}{c} \text{COOH} \\ | \\ \text{H}-\overset{*}{\text{C}}-\text{OH} \\ \hline \text{H}-\overset{*}{\text{C}}-\text{OH} \\ | \\ \text{COOH} \end{array}$$

meso-Weinsäure

12.3 Konformationsisomerie

Konformationsisomerie entsteht durch Drehung um eine Einfachbindung (meist C-C-Einfachbindung).

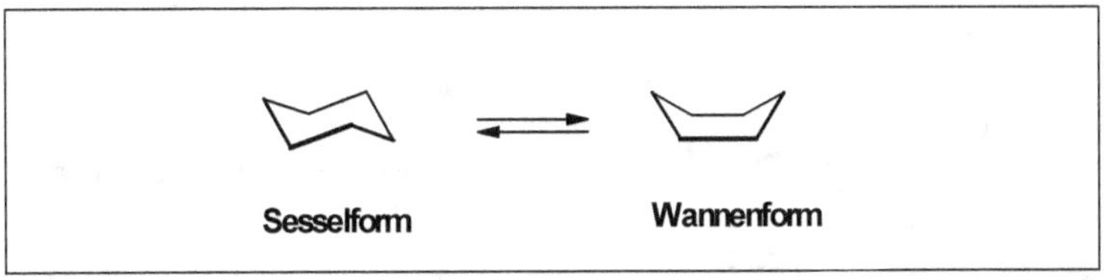

Sesselform ⇌ Wannenform

Beide Konformationen zeigen, dass das Molekül nicht eben aufgebaut ist. In der Sesselform trägt jedes C-Atom ein senkrecht nach oben bzw. nach unten zeigendes H-Atom. Dies wird als **axial (a)** bezeichnet. Steht das H-Atom am C-Atom seitlich am Ring, so bezeichnet man dies als **äquatorial (e)**.

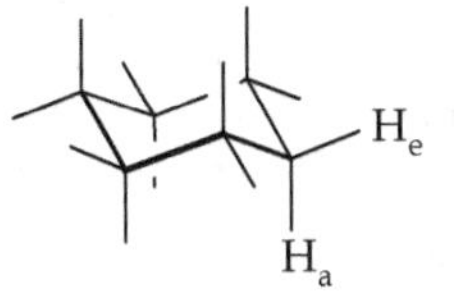

Vom 1,2-Dimethylcyclohexan existieren zwei Isomere. Im trans-Isomeren liegt ein Substituent oberhalb und einer unterhalb einer hypothetischen Ringebene. Dabei befinden sich die beiden Methylgruppen entweder äquatorial (1e,2e) oder axial (1a,2a).
Im cis-Isomeren weisen die Methylgruppen auf dieselbe Ringseite, jeweils einen der Methylgruppen steht äquatorial, die andere axial (1a,2e bzw. 1e,2a).

Kapitel 12

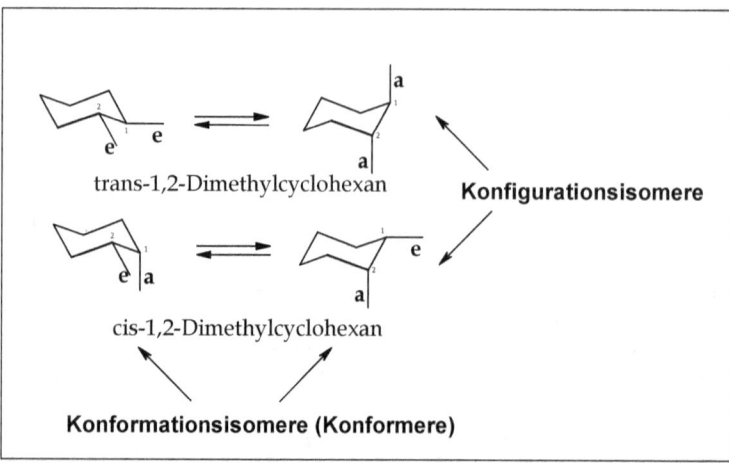

Von den Isomeren existieren zahlreiche **Konformere**. Normalerweise überwiegt die Sesselform, und es ist das Konformere am energieärmsten, das die maximale Anzahl äquatorialer Substituenten bzw. die größten Substituenten in äquatorialer Stellung aufweist.

12.4 Übungsaufgaben

1. Welche Isomeriearten kennen Sie?
2. Zeichnen Sie die Strukturformeln der Konstitutionsisomeren mit der Summenformel C_2H_6O.
3. Wie viele verschiedene Moleküle der Summenformel C_2H_5F gibt es?
4. Wie viele Isomere mit der Summenformel $C_2H_2Cl_2$ gibt es?
5. Wie viele n-Hexen-Isomere gibt es (Strukturformeln angeben)?
6. Wie viele Moleküle mit dem Namen Difluorpropan gibt es?
7. Zeichnen Sie die Strukturformeln von Cyclohexen, Cyclopenta-1,3-dien, (Z)- und (E)-2-Hexen.
8. Wie viele Penta-3-en-1-in-Isomere gibt es?
9. Wie viele 1,2-Dibrom-1,2-dichlorethan-Isomere gibt es?
10. Worin unterscheiden sich Konformations- und Konfigurationsisomere?

Isomerie

11. Bei welcher der folgenden Verbindungen ist keine cis/trans-Isomerie denkbar?

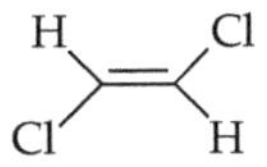

(A) 1,2-Dichlorethen (B) 1,2-Dichlorethen (C)

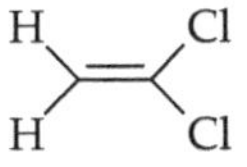

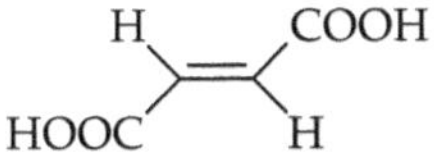

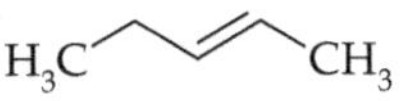

(D) 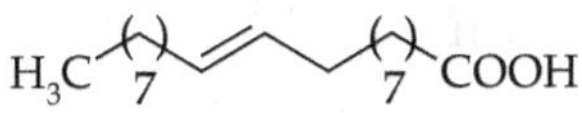   (E)

12. Welche Aussage trifft nicht zu?
Enantiomere
(A) wandeln sich spontan ineinander um
(B) haben den gleichen Energiegehalt
(C) reagieren mit chiralen Reagenzien unterschiedlich
(D) haben die gleiche spezifische Rotation, allerdings mit unterschiedlichem Vorzeichen
(E) haben sp^3-hybridisierte C-Atome als Asymmetriezentrum.

13. Welche der angegebenen Verbindungspaare sind Konformere?

(1) 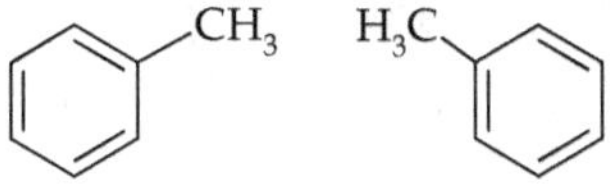 Toluol / Toluol

(2)  Cyclohexan / Hexen

(3) H_3C-OH / $H_3C-O-OH$

(4) 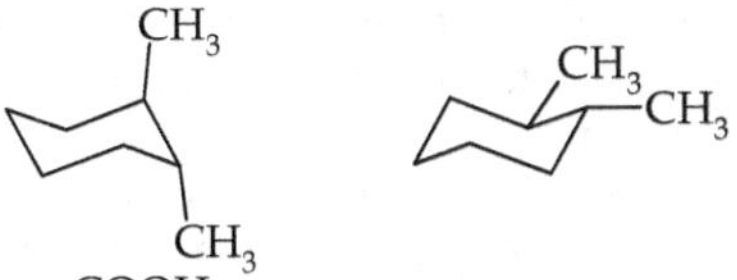 Methylcyclohexan / Dimethylcyclohexan

(5)  $H_3C-C(COOH)_2-CH_3$ / HOOC-CH$_2$-CH$_2$-COOH

(A) nur 4 ist richtig
(B) nur 5 ist richtig
(C) nur 1 und 3 sind richtig
(D) nur 2 und 4 sind richtig
(E) nur 3 und 5 sind richtig.

Kapitel 12

14. Bei welchem der folgenden Verbindungspaare handelt es sich nicht um Konfigurationsisomere?

(A), 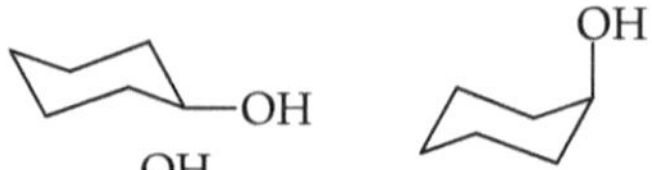 (B),  (C), 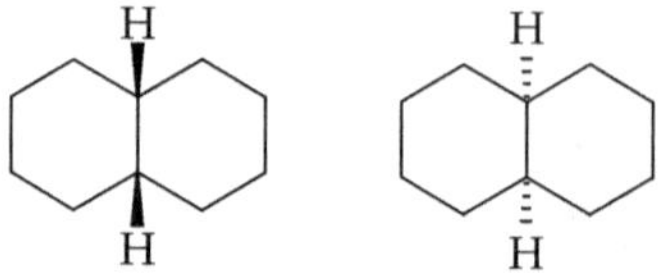 (D), 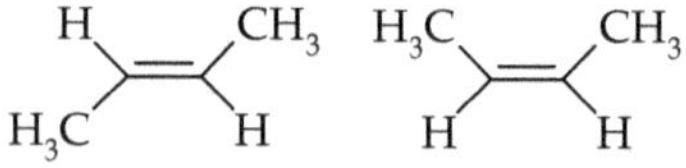 (E)

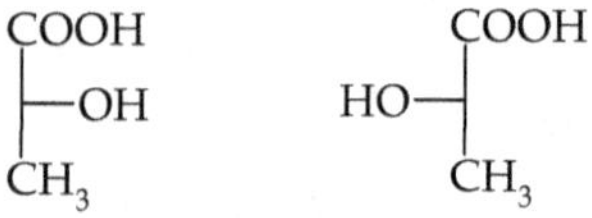

15. Welche Aussage trifft nicht zu?

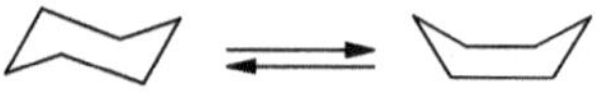

(1) ⇌ (2)

(A) Die Reaktion beschreibt eine Konformationsumwandlung.
(B) (1) hat einen geringeren Energiehaushalt als (2).
(C) Beide Substanzen stehen bei Zimmertemperatur im Gleichgewicht miteinander.
(D) Sowohl (1) als auch (2) ist Cyclohexan.
(E) Die Summenformel beider Substanzen ist C_6H_6

Kapitel 13

Induktivität und Mesomerie

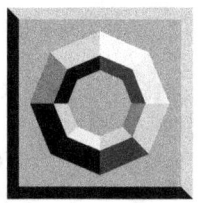

Um die Reaktionsfähigkeit organischer Verbindungen beschreiben zu können, muss man ihre elektronischen Verhältnisse betrachten. So können z.b. Fremdatome in Kohlenwasserstoffverbindungen besondere Effekte auf das Gesamtmolekül ausüben. Diese Effekte lassen sich in Induktive und Mesomere Effekte aufteilen.

13.1 Der Induktive Effekt

Die induktiven Effekte hängen von der **Elektronegativität** der beteiligten Atome oder Atomgruppen ab. Außerdem, ist die Elektronegativität auch von der Hybridisierung eines Atoms abhängig.

Die **Hybridisierung** ist die Zahl der mit einem Atomzentrum verbundenen Atome (z.b. **sp** mit zwei weiteren, **sp^2** mit drei weiteren, **sp^3** mit vier weiteren Atomen).

Je niedriger die Hybridisierung, desto höher ist die Elektronegativität des betreffenden Atoms.

Eine polare Bindung erzeugt induktiv eine Polarisierung benachbarter Bindungen im Molekül. Diesen Effekt bezeichnet man als Induktiven Effekt (**I-Effekt**).

Man unterscheidet zwischen +I-Effekten und -I-Effekten.

Zur quantitativen Einteilung des induktiven Effektes wird die Elektronegativität eines Substituenten mit der Elektronegativität des Wasserstoffs verglichen. Die C-H-Bindung ist nahezu unpolar.

Ist die Elektronegativität des Substituenten größer, so erhöht er seine Elektronendichte, d.h. er lädt sich partiell negativ auf (Zeichen δ-), während der Kohlenstoff, an dem der Substituent gebunden ist, partiell positiv geladen wird (Zeichen δ+).

- Wird das H-Atom einer C-H-Bindung durch ein Atom oder eine Gruppe mit einer höheren Elektronegativität als Wasserstoff ersetzt, so wird ein **-I-Effekt** ausgeübt (z.B. N, O, S, F, Cl, Br, J).
- Zieht ein Substituent hingegen Elektronen weniger stark an sich als das Wasserstoffatom, so wird ein **+I-Effekt** ausgeübt. Geeignet sind dazu nur Elemente oder Gruppen, die eine gleiche oder geringere Elektronegativität wie Kohlenstoff

besitzen. Wir beschränken uns hier auf Kohlenstoff (Alkylgruppen), da die funktionellen Gruppen in der Organischen Chemie durch Kohlenstoff vorgegeben werden.

Je verzweigter Alkylgruppen sind, desto stärker ist der von ihnen ausgehende +I-Effekt.

Die Qualität eines induktiven Effekts für ein reaktives Zentrum hängt ab von ihrer Anzahl und der Elektronegativitätsdifferenz und nicht so sehr von der Größe der Gruppen, die diesen Effekt auf das Zentrum ausüben. Die Ursachen hierfür liegen darin, dass sich der induktive Effekt über Einfachbindungen bzw. den Einfachbindungsanteil (σ-Bindung) bei Mehrfachbindungen ausbreitet. Es gilt einfach, dass sich der induktive Effekt über eine zunehmende Zahl von Bindungen stark abschwächt.

Induktive Effekte haben z.B. einen Einfluss auf die **Säurenstärke**.

Beispiele
-I-Effekt   >   >   +I-Effekt
pKs=0,23   pKs=4,78   pKs=5,05

Die betrachtete Gruppe ist hier die Carboxylgruppe einer Carbonsäure. Je elektronenreicher sie ist, desto schlechter kann sie ein H^+-Ion abspalten. Da +I-Effekte eine höhere Elektronendichte bedingen, verringern sie die Acidität der Säure. -I-Effekte erhöhen daher die Acidität.

13.2 Der Mesomere Effekt

Die mesomeren Effekte sind erheblich stärker als induktive Effekte. Sie breiten sich entlang von **Doppelbindungen** oder **freien Elektronenpaaren** aus, setzen diese daher zwingend voraus.

Bei der Mesomerie handelt es sich um die Möglichkeit, Elektronenpaare über mehr als eine Bindung zu delokalisieren (verteilen).

Solche Verteilung von Elektronenladung (Delokalisierung) über mehrere Atome hinweg führt zu einer Stabilisierung, d.h. einer energetisch tieferen Lage des Moleküls. Diesem Phänomen begegnet man bei Molekülen, die sich durch mehrere Grenzformeln darstellen lassen.

Induktivität und Mesomerie

Zum Beispiel durch die Verschiebung eines Elektronenpaares am negativ geladenen Sauerstoff wird die negative Ladung über mehrere Zentren verteilt:

$$H_3C-C\begin{matrix}\nearrow\overline{O}| \\ \searrow\underline{\overline{O}}|^{\ominus}\end{matrix} \longleftrightarrow H_3C-C\begin{matrix}\nearrow\overline{\underline{O}}|^{\ominus} \\ \searrow\overline{O}|\end{matrix}$$

-M-Effekt

M-Effekte können sich im Fall von **konjugierten Doppelbindungen** (π-Systeme) im Gegensatz zu I-Effekten über viele Zentren ausbreiten. Konjugiert bedeutet dabei die abwechselnde Folge von Einfach- und Doppelbindung.

Wie auch bei den induktiven Effekten unterscheidet man bei den mesomeren Effekten diejenigen, die ein Atomzentrum elektronenreicher machen (**+M-Effekt**), von denen, die ein Zentrum elektronenärmer machen (**-M-Effekt**). Das obige Beispiel zeigt einen -M-Effekt, denn dort wird Ladung vom Zentrum abgeführt. Ein Beispiel für einen +M-Effekt wäre ein positiv geladener Kohlenstoff (sogenanntes Carbeniumion), der sich benachbart (konjugiert) zu einer Doppelbindung befindet.

$$H_3C-\underset{H}{\overset{+}{C}}-\underset{H}{C}=CH_2 \longleftrightarrow H_3C-\underset{H}{C}=\underset{H}{C}-\overset{+}{C}H_2$$

+M-Effekt

Beispiele für den +M-Effekt

sind Gruppen:

    —OH   —O—CH$_3$ —NH$_2$

Beispiele für den -M-Effekt

sind Gruppen:

$$-NO_2 \quad -C\begin{matrix}\nearrow O \\ \searrow H\end{matrix} \quad -C\begin{matrix}\nearrow O \\ \searrow OH\end{matrix}$$

13.3 Übungsaufgaben

1. Vergleichen Sie die Säurenstärken von Phenylessigsäure und Propionsäure.
2. Ordnen Sie die Stoffe Ammoniak, Methylamin und Anilin (Phenylamin) nach zunehmender Basenstärke.
3. Ordnen Sie folgende Verbindungen nach zunehmender Acidität:

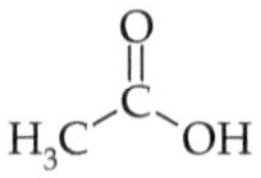

$$\underset{(1)}{H_3C-\overset{O}{\underset{}{C}}-OH} \quad \underset{(2)}{\text{C}_6\text{H}_5-OH} \quad \underset{(3)}{H_3C-CH_2-NH_2} \quad \underset{(4)}{H_3C-CH_2-OH} \quad \underset{(5)}{F-\underset{F}{\overset{F}{C}}-\overset{O}{\underset{}{C}}-OH}$$

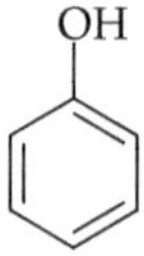

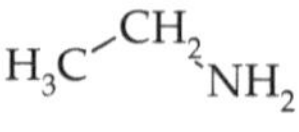

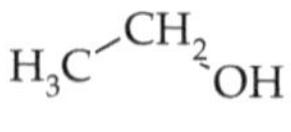

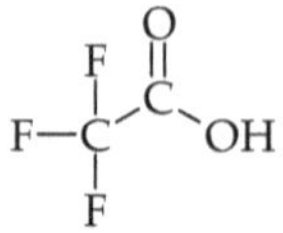

4. Welche der Verbindungen ist die stärkere Säure? Begründen Sie Ihre Antwort.
    a) Essigsäure oder Chloressigsäure;
    b) Ameisensäure oder Essigsäure;
    c) Phenol oder p-Aminophenol;
    d) Phenol oder p-Nitrophenol.
5. Welche der Verbindungen ist die stärkere Base?
    a) Anilin oder Ethylamin;
    b) Dimethylamin oder Ammoniak;
    c) Glycin oder Propanamin;
    d) Amid oder Amin.

Kapitel 14
Organische Reaktionen

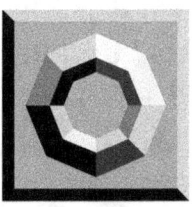

Die organischen Reaktionen lassen sich, wenn man die Art der miteinander reagierenden Teilchen betrachtet, auf drei Grundtypen zurückführen. Außerdem erfolgen bei einigen Reaktionen neben den Grundreaktionen intramolekulare Umlagerungen.

Substitution (Kurzzeichen S)
Ersetzen einzelner Atome oder Atomgruppen durch andere Atome oder Atomgruppen.

$$CH_3\text{-}Br + NaOH \rightarrow CH_3\text{-}OH + NaBr$$

Addition (Kurzzeichen A)
Anfügen von (meist anorganischen) Verbindungen an organische Verbindungen unter Lösung der Doppel- bzw. Dreifachbindungen.

$$HC\equiv CH \xrightarrow{+Br_2} \underset{Br}{\overset{H}{>}}C=C\underset{H}{\overset{Br}{<}} \xrightarrow{+Br_2} H-\underset{Br}{\overset{Br}{C}}-\underset{Br}{\overset{Br}{C}}-H$$

Eliminierung (Kurzzeichen E)
Schaffung von Doppel- oder Dreifachbindungen an organischen Molekülen unter Abspaltung kleiner (meist anorganischer) Molekülteile.

$$-\overset{|}{\underset{|}{C}}-\overset{|}{\underset{|}{C}}-OH \longrightarrow \;>C=C< \;+\; H_2O$$

14.1 Zur Klassifizierung organischer Reaktionen

Beim Ablauf einer Reaktion können Bindungen entweder symmetrisch oder asymmetrisch gespalten werden. Bei der symmetrischen Spaltung (**homolytisch**) entstehen Zwischenprodukte mit ungepaarten Elektronen, die sogenannten **Radikale**. Das bindende Elektronenpaar wird gleichmäßig zwischen den beiden Bindungspartnern aufgeteilt. Radikale tragen im allgemeinen keine Ladung.

$$A-B \longrightarrow A\bullet + B\bullet$$

Bei der asymmetrischen Spaltung (**heterolytisch**) verbleibt das Bindungselektronenpaar bei einem der Reaktionspartner. Es entstehen ionische Zwischenprodukte, die eine positive (z.B. Carbokation) oder negative (z.B. Carbanion) Ladung tragen.

$$A-B \longrightarrow A{:}^- + B^+$$

oder

$$A-B \longrightarrow A^+ + B{:}^-$$

Der Angriff auf eine Bindung kann nucleophil oder elektrophil erfolgen. Dies wird durch N für nucleophil und durch E für elektrophil gekennzeichnet und der Bezeichnung für den Reaktionstyp (S, A, E) als Index angefügt.

Nukleophil (nukleophiles Teilchen) meist dargestellt als Nu^-; Ion oder Molekül mit Elektronen-Überschuss (mit freiem Elektronenpaar); negativ geladen oder negativ polarisiert; z.B. OH^-, RO^-, Hal^-, H_2O, R_2O, R_3N greift Elektrophile an.

Elektrophil (elektrophiles Teilchen) meist dargestellt als E^+; Ion oder Molekül mit einer Elektronenlücke (Elektronenmangel); positiv geladen oder positiv polarisiert; z.B. H^+, NO_2^+, Hal^+ greift Nukleophile an.

Bei der Benennung einer Reaktion geht man davon aus, welche Eigenschaften das angreifende Teilchen hat. Handelt es sich z.B. um Nu^-, so wird man von einer nukleophilen Reaktion sprechen.

Organische Reaktionen

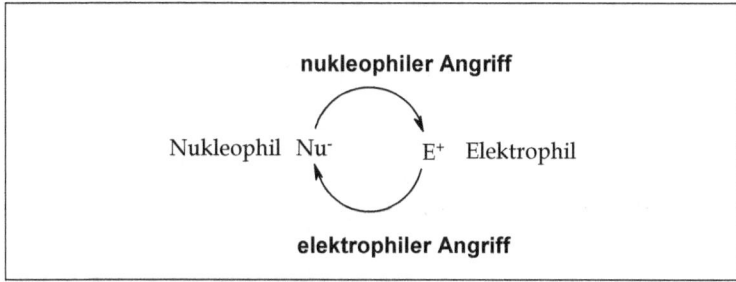

Die dritte kennzeichnende Größe für den Ablauf einer organischen Reaktion ist die Anzahl der Partikel, die am langsamsten ablaufenden Teilschritt der Reaktion, beteiligt sind. Diese Zahl folgt im Symbol der Kennzeichnung der Nucleophilie oder Elektrophilie.

So gilt z.B. bei einer **monomolekularen** nucleophilen Substitution folgendes Symbol: S_N1.

Entsprechend steht S_E2 für **bimolekulare** elektrophile Substitution.

14.2 Substitution (Austauschreaktion)

14.2.1 Radikalische Substitution (S_R)

$$R-H + X_2 \xrightarrow{\text{Licht oder Radikalstarter}} R-X + HX$$

X - Halogen

14.2.2 Monomolekulare nukleophile Substitution (S_N1)

$$R-\underset{R}{\overset{R}{\underset{|}{\overset{|}{C}}}}-X \rightleftharpoons R-\underset{R}{\overset{R}{\underset{|}{\overset{|}{C^+}}}} + X^- \xrightarrow{+ Nu^-} R-\underset{R}{\overset{R}{\underset{|}{\overset{|}{C}}}}-Nu + X^-$$

X - Abgangsgruppe

14.2.3 Bimolekulare nukleophile Substitution (S_N2)

$$Nu^- + R-X \longrightarrow R-Nu + X^-$$

X - Abgangsgruppe

14.2.4 Elektrophile Substitution (S_E)

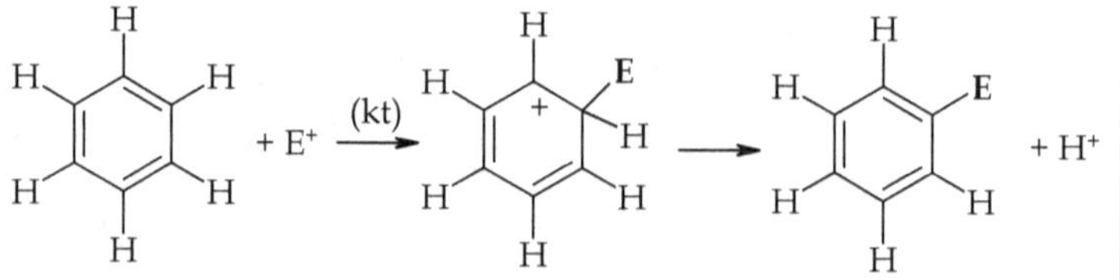

14.2.5 Zweitsubstitution
Wenn ein Substituent (X) bereits vorhanden ist, so sind folgende Substitutionsmuster möglich:

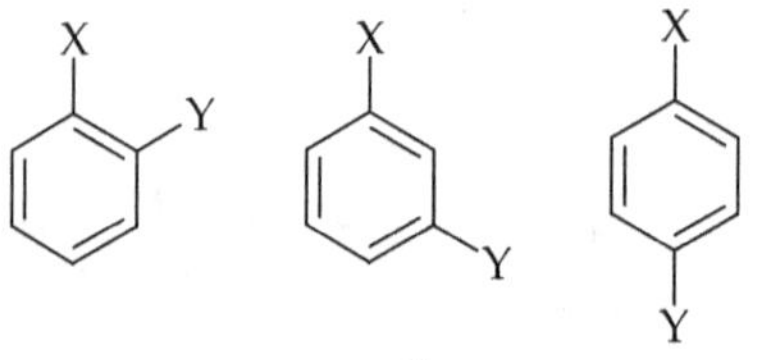

ortho-   meta-   para-

Alle Substituenten lassen sich in zwei große Gruppen aufteilen. Zum einen in Substituenten, die die Elektronendichte des Aromaten erhöhen (Substituenten 1.Ordnung) und in solche, die die Elektronendichte des Aromaten verringern (Substituenten 2.Ordnung).

Organische Reaktionen

- Substituenten **1.Ordnung** haben eine **ortho-, para-** dirigierende Wirkung.

Beispiel

Das freie Elektronenpaar des Stickstoffs verschiebt sich zum Ring hin (+M-Effekt). Bei den mesomeren Grenzstrukturen erscheint eine negative Ladung an der ortho- und der para- Position. An diesen Positionen wird der Zweitsubstituent bevorzugt angelagert. Die Aminogruppe hat also die Elektronendichte in ortho und para erhöht.

Substituenten mit diesen Eigenschaften müssen daher über einen +M-Effekt oder auch einen +I-Effekt verfügen.

Da M-Effekte immer stärker wirken als I-Effekte, zählen auch Halogene zu den Substituenten 1.Ordnung, obwohl sie einen starken -I-Effekt besitzen.

Wichtige Substituenten 1. Ordnung

$-NR_2$, $-NHR$, $-NH_2$, $-NHCOR$, $-OH$, $-OR$, $-F$, $-Cl$, $-Br$, $-J$, $-CH=CH_2$, $-CH_3$, $-C_2H_5$ usw.

- Substituenten **2.Ordnung** haben eine **meta-** dirigierende Wirkung.

Substituenten 2.Ordnung verringern die Elektronendichte des Aromaten. Die elektronischen Verhältnisse lassen sich wieder gut mit mesomeren Grenzzuständen betrachten.

Beispiel

Hier wird ein Elektronenpaar aus dem Ring hinaus zur Carbonylgruppe (-M-Effekt) hin verschoben. Dadurch erscheint an den ortho- und der para- Position bei den mesomeren Grenzstrukturen eine positive Ladung. Der Angriff eines Elektrophil kann daher nur in meta erfolgen.

Substituenten 2. Ordnung verfügen über einen -M-Effekt oder auch einen -I-Effekt.

Wichtige Substituenten 2. Ordnung
-CHO, -COR, -COOH, -COOR, -CONH$_2$, -NO$_2$, -SO$_3$H, -CN, -NH, -NR$_3$, -CF$_3$, -CCl$_3$

14.3 Addition (Anlagerungsreaktion)

14.3.1 Elektrophile Addition (A$_E$)

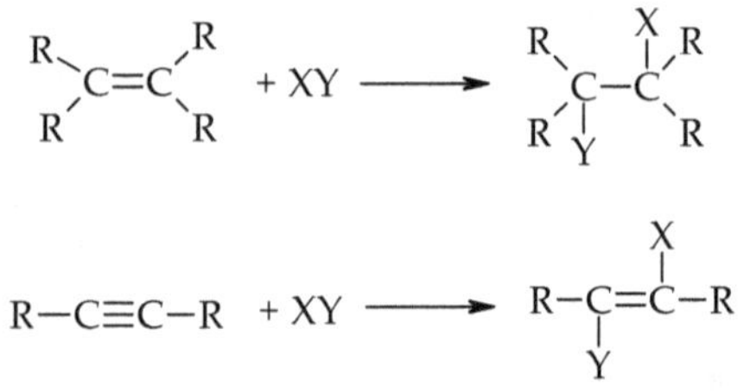

$$R_2C=CR_2 + XY \longrightarrow R_2C(Y)-C(X)R_2$$

$$R-C\equiv C-R + XY \longrightarrow R-C(Y)=C(X)-R$$

XY - Mineralsäure, Hal$_2$, HHal, H$_2$, H$_2$O

Beispiele

- **Hydrierung** (katalytische Anlagerung von H$_2$)
  CH$_2$=CH$_2$ + H$_2$ → CH$_3$-CH$_3$
- **Hydratisierung** (Anlagerung von Wasser)
  CH$_2$ = CH$_2$ + H$_2$O → CH$_3$-CH$_2$-OH
- **Hydrohalogenierung** (Anlagerung von Halogenwasserstoff)
  CH$_3$ - CH = CH$_2$ + HX → CH$_3$-CHX-CH$_3$
  Bei Alkenen mit mehr als zwei C-Atomen tritt das Halogen an das H-ärmere C-Atom (**Regel von Markownikow**).
- **Halogenierung** (Anlagerung von Halogen)
  CH$_2$=CH$_2$ + Cl$_2$ → CH$_2$Cl-CH$_2$Cl
  Reaktionsbedingungen der additiven Halogenierung:
  ⇨ am aliphatischen C-Atom durch Feuchtigkeitsspuren oder Halogenwasserstoff katalytisch beschleunigt,
  ⇨ am aromatischen C-Atom ohne Katalysator mit energiereichem Licht.

14.4 Eliminierung (Abspaltungsreaktion)

Bei der Eliminierung werden durch die Abgabe eines Wasserstoffs und einer Abgangsgruppe (X) am benachbarten Kohlenstoffatom Doppelbindungen gebildet.

14.4.1 Monomulekulare Eliminierung (E1)

$$R-\underset{R}{\overset{H}{\underset{|}{C}}}-\underset{R}{\overset{R}{\underset{|}{C}}}-X \rightleftharpoons R-\underset{R}{\overset{H}{\underset{|}{C}}}-\underset{R}{\overset{R}{\underset{|}{C^+}}} + X^- \longrightarrow \underset{R}{\overset{R}{}}C=C\underset{R}{\overset{R}{}} + HX$$

14.4.2 Bimolekulare Eliminierung (E2)

$$R-\underset{H}{\overset{R}{\underset{|}{C}}}-\underset{R}{\overset{X}{\underset{|}{C}}}-R + Base^- \longrightarrow \underset{R}{\overset{R}{}}C=C\underset{R}{\overset{R}{}} + H\text{-Base} + X^-$$

$$\underset{H}{\overset{R}{}}C=C\underset{R}{\overset{X}{}} + Base^- \longrightarrow R-C\equiv C-R + H\text{-Base} + X^-$$

14.5 Redoxreaktionen

Auch in der Organischen Chemie finden Redoxreaktionen statt.

14.5.1 Oxidationszahlen

Um die Anzahl und Art der Bindungen eines Kohlenstoffatoms zu anderen Atomen zu kennzeichnen, kann formal eine Oxidationszahl errechnet werden.

Die Berechnung erfolgt durch Addition:

- **-1** für jede Bindung zu einem elektropositiveren (weniger elektronegativen) Atom,
- **0** für jede Bindung zu einem gleichen Atom,
- **+1** für jede Bindung zu einem elektronegativeren Atom.

Für ein C-Atom ergibt sich demnach die Oxidationszahl durch Addition der folgenden Werte:

Kapitel 14

- **-1** für jedes anhängende H-Atom,
- **0** für jedes anhängende C-Atom und
- **+1** für jede Bindung zu einem Heteroatom wie O, N, S, Br, Cl u.a. (ein doppelt gebundenes O wirkt daher mit +2 auf das C-Atom!).

Beispiele

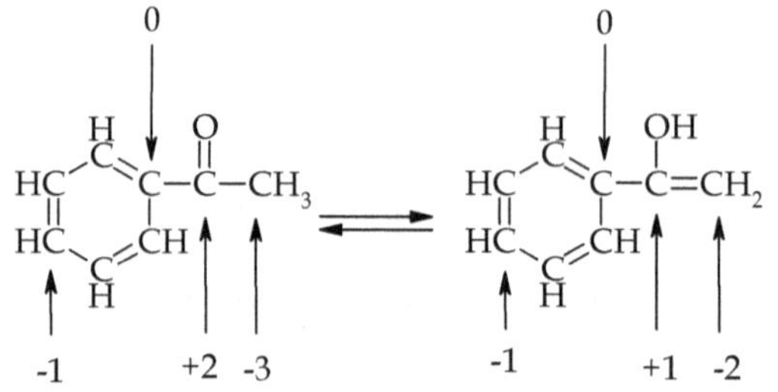

[Strukturformeln zweier tautomerer Formen eines Cyclohexenon-Derivats mit Oxidationszahlen: -1, +2, -3 (links); -1, +1, -2 (rechts)]

14.5.2 Oxidation von Alkoholen

Primäre und sekundäre Alkohole können mit geeigneten Oxidationsmitteln zu Aldehyden bzw. Ketonen oxidiert werden, tertiäre Alkohole lassen sich nicht weiter oxidieren.

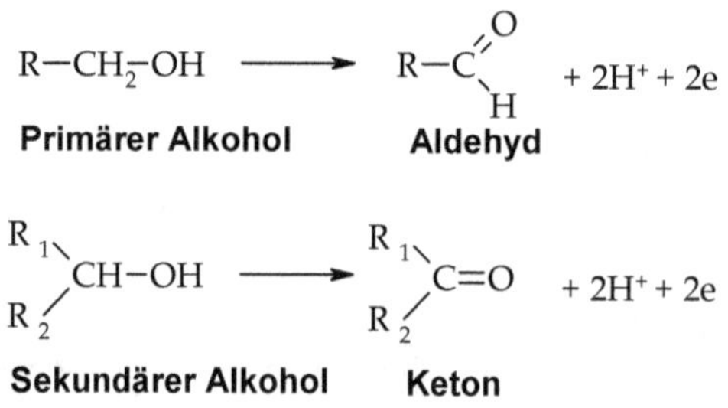

$$R-CH_2-OH \longrightarrow R-C(=O)H \quad + 2H^+ + 2e$$

Primärer Alkohol → **Aldehyd**

$$\begin{array}{c} R_1 \\ R_2 \end{array}\!\!CH-OH \longrightarrow \begin{array}{c} R_1 \\ R_2 \end{array}\!\!C=O \quad + 2H^+ + 2e$$

Sekundärer Alkohol → **Keton**

14.5.3 Oxidation von Thioalkoholen

Thioalkohole lassen sich zu Disulfiden oxidieren.

$$2\ R-SH \longrightarrow R-S-S-R \quad + 2H^+ + 2e$$

Thiol → **Disulfid**

Dies gelingt auch beim Cystein, das zum Cystin wird.

$$2\,HOOC-\underset{NH_2}{CH}-CH_2-SH \xrightarrow[-2H^+]{-2e} HOOC-\underset{NH_2}{CH}-CH_2-S-S-CH_2-\underset{NH_2}{CH}-COOH$$

Cystein   **Cystin**

14.5.4 Oxidation von Aldehyden

Oxidiert man die Aldehydgruppe, so erhält man eine Carboxylgruppe. Aldehyde werden zu Carbonsäuren.

$$R-C\underset{H}{\overset{\nearrow O}{\diagdown}} \xrightarrow{+H_2O} R-C\underset{OH}{\overset{\nearrow O}{\diagdown}} + 2H^+ + 2e$$

Aldehyd   **Carbonsäure**

Folgende zwei Laborversuche werden in der Analyse zum Nachweis von Aldehydgruppen (z.B. in Zucker) verwendet.

14.5.5 Silberspiegelprobe

Aldehyde reduzieren Silberionen zu metallischem Silber, das sich an der Innenwand eines sauberen Reagenzglases als Silberspiegel niederschlägt. Dabei wird eine alkalische Silbernitratlösung mit Ammoniakwasser versetzt, der Aldehyd zugegeben und vorsichtig erwärmt. Dabei kommt es zu folgender Redoxreaktion:

$$2AgNO_3 + R-C\underset{H}{\overset{\nearrow O}{\diagdown}} + 2NH_4OH \longrightarrow 2Ag + R-C\underset{OH}{\overset{\nearrow O}{\diagdown}} + 2\,NH_4NO_3 + H_2O$$

Aldehyd   **Carbonsäure**

14.5.6 Fehlingreaktion

Aldehyde reduzieren auch Kupferionen, hier aber nicht zum Metall, sondern vom zweiwertigen in den einwertigen Ionenzustand. Zweiwertige Kupferionen sind blau gefärbt, einwertige rot, infolgedessen kommt es zu einem auffallenden Farbwechsel, so dass die Reduktionswirkung gut beobachtet werden kann.

Einer alkalischen Kupfersalzlösung wird als Komplexbildner Kalium-Natrium-tartrat (Salz der Weinsäure) zugesetzt, worauf die Lösung tiefblau wird. Nach Zugabe des Aldehyds wird die Lösung einige Zeit gekocht, wobei die Farbe allmählich von Tiefblau nach Rot wechselt.

$$2CuSO_4 + R-C\underset{H}{\overset{O}{\diagdown\!\!\!\!\diagup}} + 5NaOH \longrightarrow Cu_2O + R-C\underset{ONa}{\overset{O}{\diagdown\!\!\!\!\diagup}} + 2Na_2SO_4 + 3H_2O$$

Aldehyd   **Salz der Carbonsäure**

14.6 Übungsaufgaben

1. Was versteht man unter einem Elektrophil, was unter einem Nucleophil?

2. Welche der nachstehend aufgeführten Stoffteilchen sind "Nucleophile" bzw. "Elektrophile":
   a) Halogenmoleküle,
   b) Kationen,
   c) Alkene,
   d) Anionen,
   e) Protonen,
   f) Teilchen mit Elektronenpaarlücken?

3. Brommethan wird mit Natronlauge umgesetzt. Welche Reaktion findet statt? Erstellen Sie die entsprechende Reaktionsgleichung.

4. Welche Aussage trifft zu?
   Gegeben ist eine unbekannte Verbindung X mit der Summenformel C_6H_{12}. Versetzt man X mit Brom, ergibt sich folgende Gleichung:
   $X + Br_2 \rightarrow C_6H_{12}Br_2$
   Bei X handelt es sich um
   (A) ein Alkan
   (B) ein Alken
   (C) einen Aromaten
   (D) Cyclohexadien
   (E) Keine der vorstehenden Angaben ist richtig.

5. Schüttelt man Bromwasser mit Cyclohexen, so erfolgt sehr rasch eine Entfärbung. Wie heißt das Reaktionsprodukt?

6. Was entsteht bei der Addition von HCl an Propen, wenn die Addition gemäß der Regel von Markownikow erfolgt?

7. Was entsteht bei der Addition von Wasser an Ethen?

8. Welches Produkt wird bei der Addition von Ammoniak NH_3 an 2-Methyl-1-buten gebildet, wenn die Addition nach Markownikow erfolgt?

9. Was entsteht bei der ersten Additionsstufe aus Acetylen und HCl und was bei der zweiten, wenn erneut HCl addiert wird.

10. Sie setzen Brom mit
    a) Aceton
    b) Benzol
    c) Ölsäure
    d) Cystein um.
    Was erhält man? Geben Sie die Reaktionsgleichungen an.

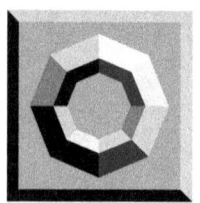

Kapitel 15

Verbindungsklassen

Die Kohlenstoffatome können sich sowohl zu Ketten als auch zu Ringen verbinden. Außerdem lässt sich das Reaktionsvermögen der organischen Verbindungen anhand der funktionellen Gruppen beschreiben und erfassen. Somit kann man die Organische Chemie in weiten Teilen als Chemie der an einem Kohlenwasserstoffgerüst stehenden funktionellen Gruppen betrachten.

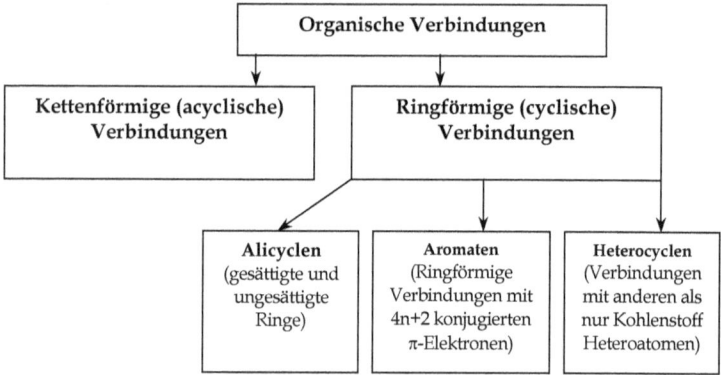

15.1 Übersicht einiger Funktionalitäten

Verbindungs-klasse	Funktionelle Gruppe	Beispiel	Typische Reaktionen
Alkan	-	$CH_3CH_2CH_3$	S_R (s. S. 102)
Halogenalkan	$-\underset{|}{\overset{|}{C}}-X$	CH_3CH_2Br	S_N, E
Alken	$\overset{\diagdown}{\diagup}C=C\overset{\diagup}{\diagdown}$	$CH_3CH=CH_2$	A_E (s. S. 103)

Verbindungsklassen

Verbindungs-klasse	Funktionelle Gruppe	Beispiel	Typische Reaktionen
Alkin	$-C\equiv C-$	$CH_3C\equiv CH$	A_E (s. S. 104)
Aromat	 (Benzolring)	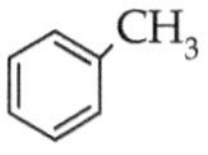 (Toluol: Benzolring mit CH_3)	S_E (s. S. 108)
Phenol	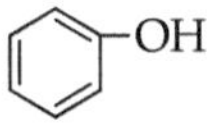 (Benzolring)–OH	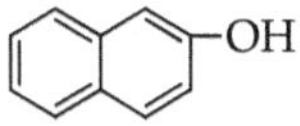 (Naphthalin)–OH	S_E (s. S. 112)
Alkohol	$-\overset{\vert}{\underset{\vert}{C}}-OH$	CH_3CH_2OH	Redox, S_N, E (s. S. 111)
Thiol	$-\overset{\vert}{\underset{\vert}{C}}-SH$	CH_3CH_2SH	Redox, S_N
Ether	$-\overset{\vert}{\underset{\vert}{C}}-O-\overset{\vert}{\underset{\vert}{C}}-$	CH_3OCH_3	–
Aldehyd	$-C\overset{O}{\underset{H}{\diagup\!\!\!\diagdown}}$	CH_3CHO	Redox (s. S. 118)
Keton	$-\overset{\vert}{\underset{\vert}{C}}-\overset{}{\underset{O}{C}}-\overset{\vert}{\underset{\vert}{C}}-$	CH_3COCH_3	Redox (s. S. 120)
Carbonsäure	$-C\overset{O}{\underset{OH}{\diagup\!\!\!\diagdown}}$	CH_3COOH	Säure-Base-Reaktion (s. S. 128)

Kapitel 15

Verbindungs-klasse	Funktionelle Gruppe	Beispiel	Typische Reaktionen
Säureester	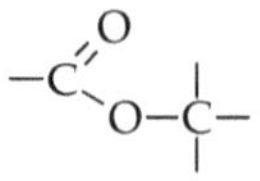 −C(=O)−O−C−	CH_3COOCH_3	Hydrolyse (s. S. 131)
Säureanhydrid	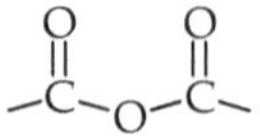 −C(=O)−O−C(=O)−	$(CH_3CO)_2O$	(s. S. 129)
Säurehalogenid	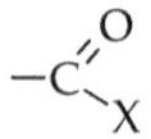 −C(=O)−X	CH_3COCl	(s. S. 129)
Säureamid	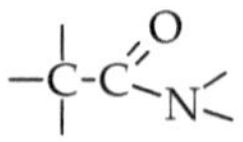 −C−C(=O)−N<	CH_3CONH_2	Hydrolyse (s. S. 129)
Amin	 −N−	$CH_3CH_2NH_2$	Säure-Base-Reaktion (s. S. 113)

15.2 Übungsaufgaben

1. Welche Aussage trifft zu?
   Die Formel zeigt ein / einen 
   (A) Cycloalkan
   (B) Cycloalken
   (C) Aromaten
   (D) Keine der Aussagen trifft zu.

2. Welche Angabe zur Struktur bzw. zu den funktionellen Gruppen trifft bei nachstehender Verbindung (Penicillin G) nicht zu?

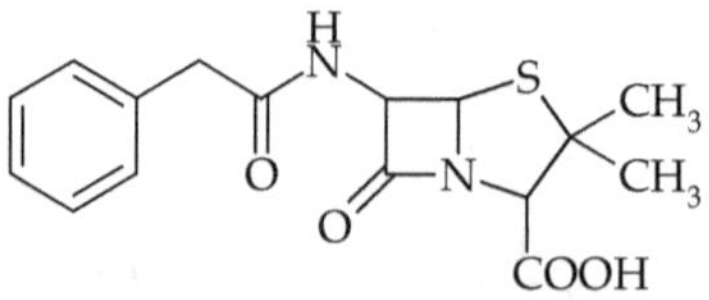

   (A) Carbonsäureamid

(B) Thiol (Thioalkohol)
(C) Carbonsäure
(D) Heterocyclische Verbindung
(E) Monosubstituierter Aromat.

3. Welche Angabe zu den Strukturelementen der abgebildeten Verbindung (das Diuretikum Furosemid) trifft nicht zu?

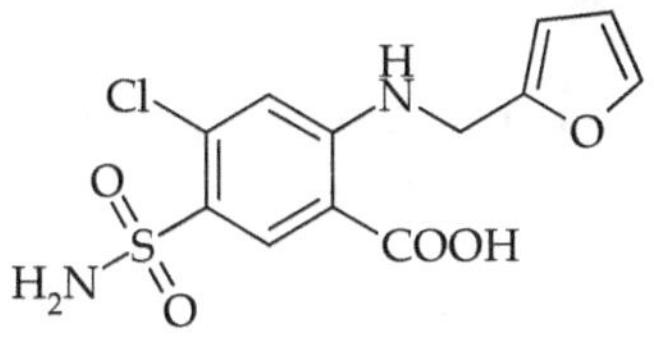

(A) Sekundäres Amin
(B) Sulfonsäureamid
(C) Carboxylgruppe
(D) Heterocyclus
(E) p-Stellung von Cl und N am Benzolring.

4. Welche Angabe zu den funktionellen Gruppen des Aldosterons trifft nicht zu?

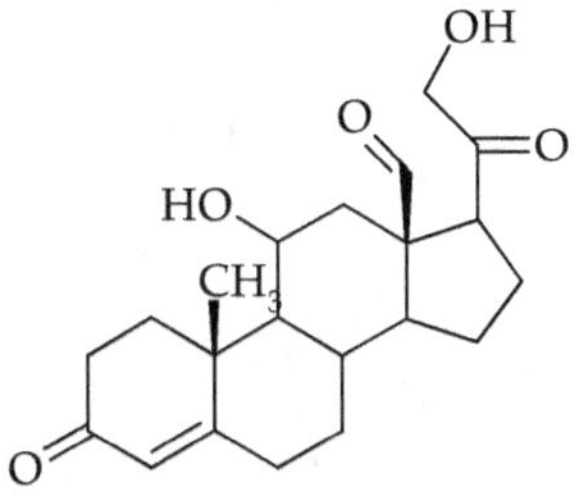

(A) tertiärer Alkohol
(B) sekundärer Alkohol
(C) primärer Alkohol
(D) Aldehyd
(E) Keton.

5. Welche der nachstehenden Untergruppen von Kohlenwasserstoffen sind ungesättigt:
Cycloalkene, Alkane, Alkine, Cycloalkane, Acetylene.

6. Wie heißen die nachstehend dargestellten Moleküle? Zu welchen Verbindungsklassen gehören sie?

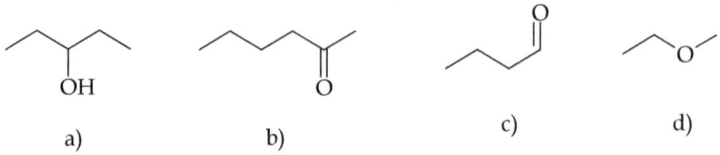

a)　　　　　b)　　　　　c)　　　　　d)

7. Zu welchen Stoffklassen gehört das Vanilin?

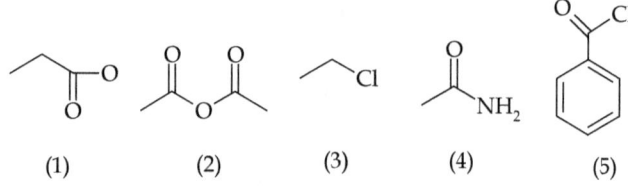

8. Zu welchen Verbindungsklassen gehören folgende Substanzen?

(1)　　　(2)　　　(3)　　　(4)　　　(5)

Kapitel 16
Kohlenwasserstoffe

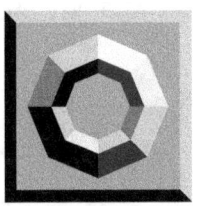

16.1 Alkane C_nH_{2n+2}

Diese Verbindungsgruppe enthält alle gesättigten, verzweigten und nicht verzweigten Kohlenwasserstoffe, die nur aus Kohlenstoff- und Wasserstoffatomen aufgebaut sind.

Mit Ausnahme der ersten vier Verbindungen, erfolgt die Benennung der Alkane auch homolog, nämlich nach der Anzahl der Kohlenstoffatome eines Moleküls, wobei griechische Zahlwörter verwendet werden. Durch Abspaltung eines Wasserstoffatoms erhält man einen sehr reaktionsfreudigen Molekülrest, ein **Radikal**. Diese Bezeichnung wurde wegen der "rücksichtslosen" (radikalen) Reaktionsfreudigkeit gewählt.

Die Radikale werden ebenfalls homolog benannt, indem im Namen des betreffenden Alkans die Endung "-an" durch "-yl" ersetzt wird. Alle (einwertigen) Radikale der Alkane fasst man daher zur Gruppe der Alkyle zusammen. Radikale entstehen durch Spaltung der Atombindung, die so erfolgt, dass die beiden Spaltprodukte je ein Elektron aus dem "bindenden Elektronenpaar" der Atombindung erhalten (homolytische Spaltung). Dieses ungepaarte Elektron ist für die Reaktionsbereitschaft eines Radikals verantwortlich.

Kapitel 16

16.1.1 Wichtige Reaktionen der Alkane

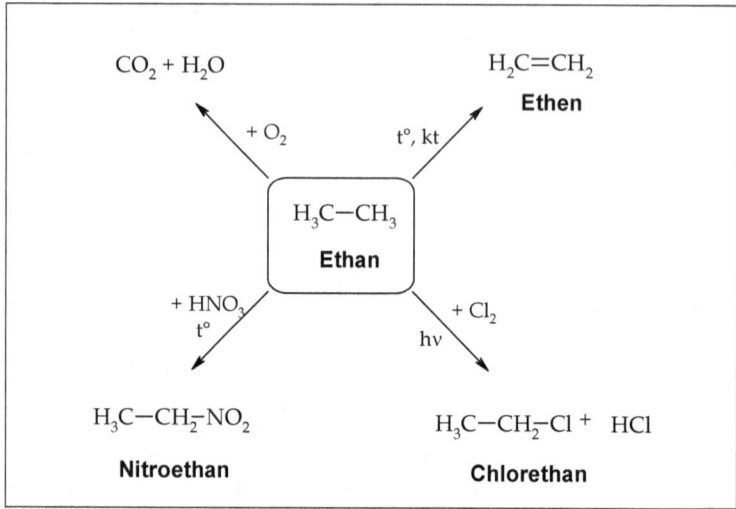

16.2 Alkene C_nH_{2n}

Die homologe Reihe der Alkene wird von Molekülen gebildet, die eine **Doppelbindung** in einer ansonsten beliebig langen Kohlenstoffkette enthalten. Diese Doppelbindung ist für die charakteristischen Reaktionen und Eigenschaften der Alkene verantwortlich.

Die Doppelbindung besteht aus zwei unterschiedlich starken Bindungen:

- die eine wird σ-**Bindung** genannt und entspricht der bisherigen Einfachbindung;
- die zweite wird π-**Bindung** genannt. Sie ist weniger fest als die σ-Bindung und bricht daher leicht auf. Zudem ist die Doppelbindung wegen der zusätzlichen π-Bindung kürzer als die Einfachbindung.

Bei der Nomenklatur wird die Kohlenstoffkette wie das entsprechende Alkan benannt, nur wird die Endung "-an" gegen "-en" ausgetauscht.

Die Endung "-en" zeigt das Vorhandensein einer Doppelbindung an. Eine nachgestellte Zahl gibt die Lage der Doppelbindung innerhalb einer längeren Kette an und beziffert das Kohlenstoffatom, von dem die Doppelbindung ausgeht. Die Kohlenstoffatome der Kette sind dabei so zu nummerieren, dass den Kettenanfang dasjenige Kohlenstoffatom bildet, das der Doppelbindung am nächsten steht.

H₂C=CH−CH₂−CH₃ **Buten-1**

H₃C−CH=CH−CH₃ **Buten-2**

H₃C−C(CH₃)=CH−CH₃ **2-Methylbuten-2**

H₂C=C(CH₃)−CH₂−CH₃ **2-Methylbuten-1**

16.2.1 Wichtige Reaktionen der Alkene

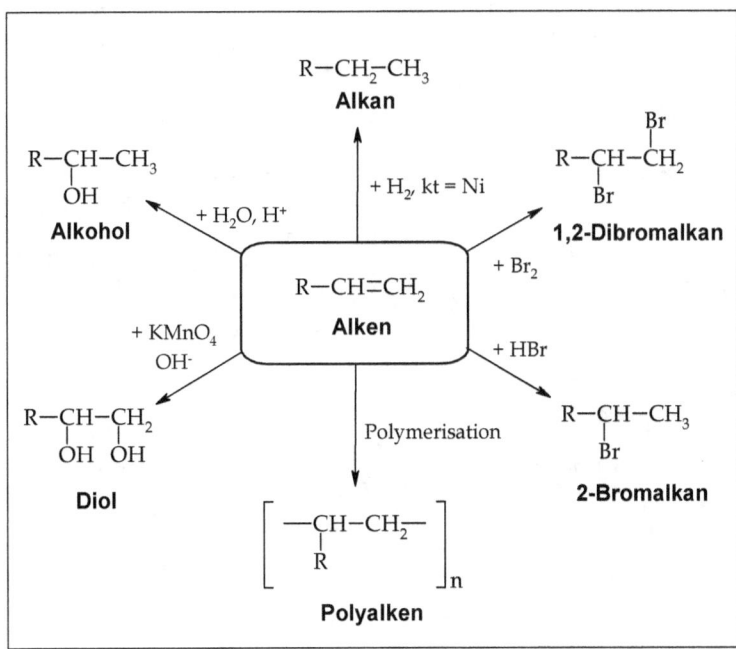

16.3 Alkine C_nH_{2n-2}

Die typischen Eigenschaften und Reaktionen gehen auf eine **Dreifachbindung** zwischen den Kohlenstoffatomen zurück. Da hier zwei π-Bindungen und nur eine σ-Bindung vorliegen, sind diese Verbindungen sehr reaktionsfähig.

Die Endung "-an" des entsprechenden Alkans wird durch "-in" ersetzt. Sie symbolisiert die Dreifachbindung in der Kohlenstoffkette.

16.3.1 Wichtige Reaktionen der Alkine

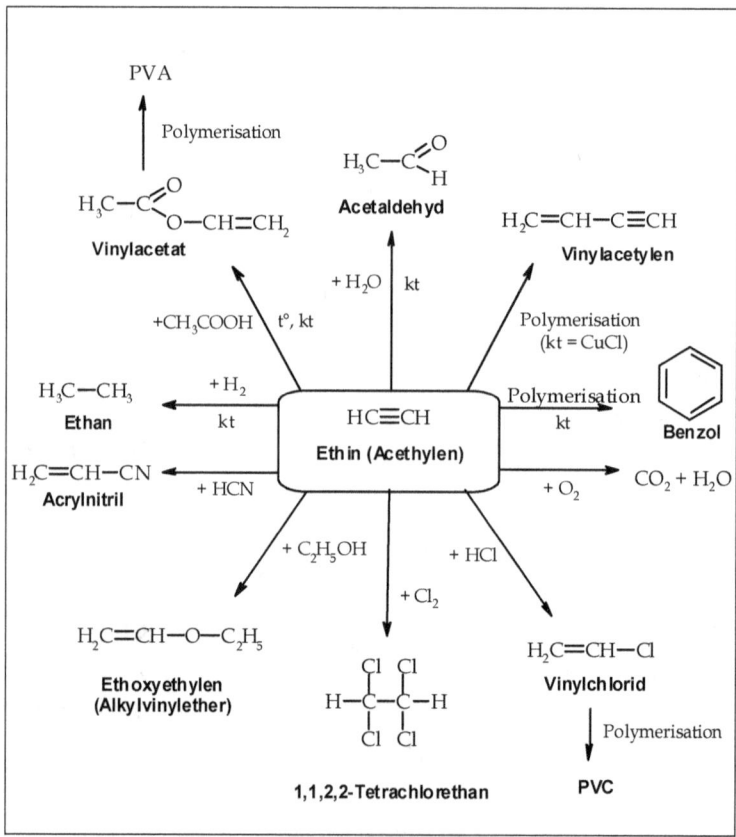

16.4 Benzol und seine Derivate

Aromaten nehmen eine Sonderstellung in der Betrachtung von Einfach- und Doppelbindungen ein. Der wichtigste der Vertreter dieser Gruppe ist das Benzol (C_6H_6).

Kohlenwasserstoffe

Der Ring ist planar und enthält drei konjugierte Doppelbindungen. Wird das Benzol in dieser Art dargestellt, handelt es sich um mesomere Grundzustände, da sich die π-Bindungen verschieben und nicht an einer bestimmten Position lokalisiert sind. Alle C-C-Bindungen sind gleich lang. Die drei π-Bindungen (6π-Elektronen) sind über das ganze Ringsystem verteilt und werden oft als Kreis im Ring dargestellt.

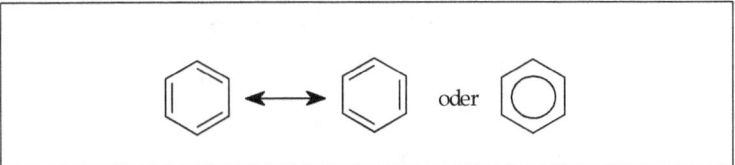

Ein aromatisches System ist gekennzeichnet durch:

1. cyclischen Aufbau
2. konjugiertes π-System
3. Planarität
4. Erfüllung der Hückelregel: (4n+2)π-Elektronen müssen vorhanden sein, wobei n eine ganze Zahl sein muss.

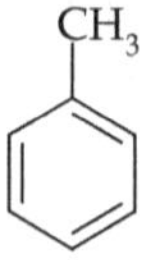

Toluol, 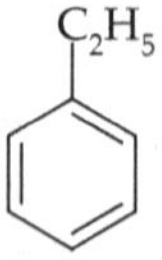 Ethylbenzol, 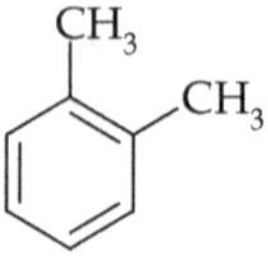 o-Xylol, 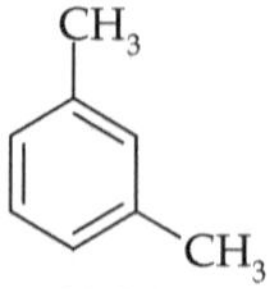 m-Xylol, 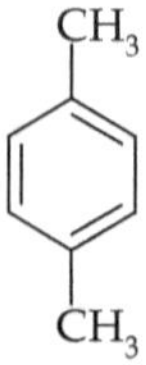 p-Xylol, 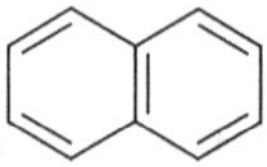 Naphtalin, 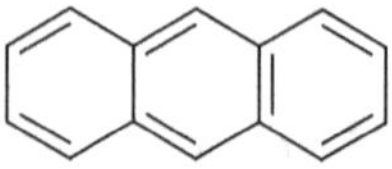 Antracen, 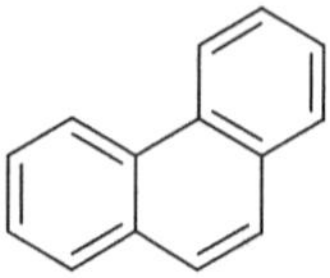 Phenanthren, 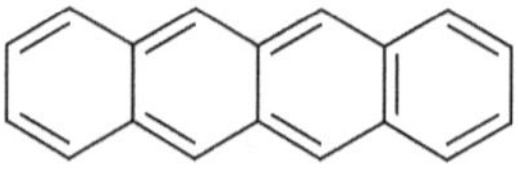 Naphtacen

16.4.1 Aromatische Radikale

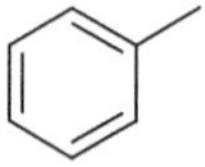

Phenyl, 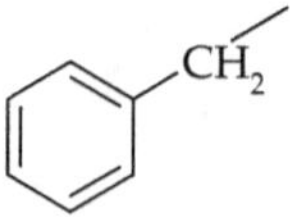 Benzyl

Eine Reihe von Aromaten enthalten im Ring nicht nur Kohlenstoff, sondern auch sogenannte Heteroatome (N, O, S). Sie werden als Heteroaromaten bezeichnet. Die Einschätzung der Aromatizität ist hier etwas schwieriger, da freie Elektronenpaare dieser Elemente am π-System beteiligt sein können.

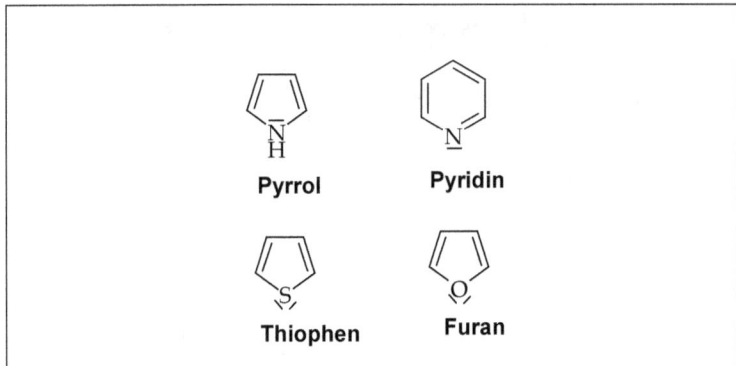

Beim Pyrrol ist das freie Elektronenpaar des Stickstoffs an der Mesomerie beteiligt (6 π-Elektronen), um einen aromatischen Zustand zu erreichen. Beim Pyridin ist das nicht erforderlich. Bei Thiophen ist ein freies Elektronenpaar des Schwefels notwendig, um einen aromatischen Zustand zu erreichen.

16.4.2 Wichtige Reaktionen der Aromaten

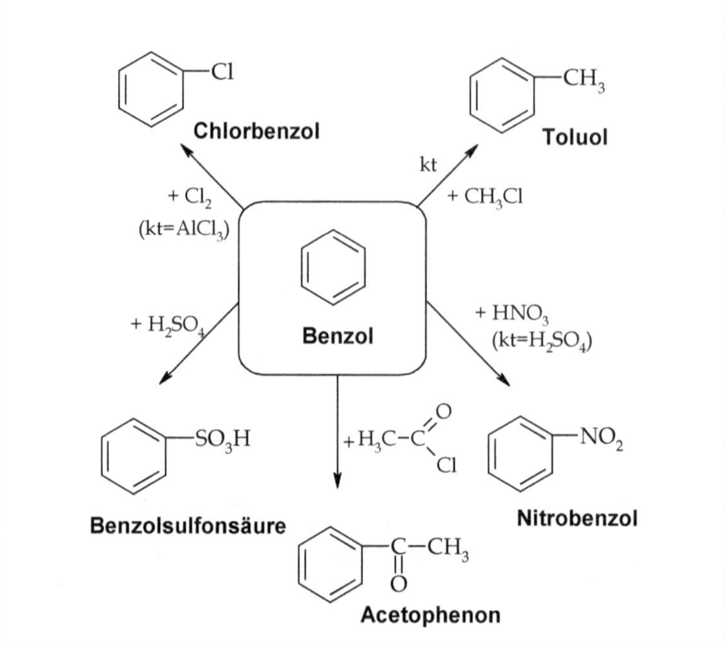

Benzol reagiert zu:
- Chlorbenzol (+ Cl$_2$, kt=AlCl$_3$)
- Toluol (+ CH$_3$Cl, kt)
- Nitrobenzol (+ HNO$_3$, kt=H$_2$SO$_4$)
- Acetophenon (+ H$_3$C-COCl)
- Benzolsulfonsäure (+ H$_2$SO$_4$)

Da der aromatische Zustand recht stabil ist, gehen die Aromaten meistens **Substitutionsreaktionen** ein, wobei ein H- Atom des Rings durch ein Atom oder eine andere Gruppe ersetzt wird. Die Delokalisation der π-Elektronen bedingt jedoch, dass der Substituent **elektrophile** Eigenschaften haben muss.

Kapitel 17
Verbindungen mit funktionellen Gruppen

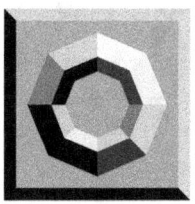

17.1 Alkohole R-OH

Aliphatische Alkohole leiten sich von den Alkanen ab, wobei ein oder mehr Wasserstoffatome durch OH-Gruppen, sogenannte **Hydroxylgruppen** substituiert sind. Dadurch unterscheiden sich die ein-, zwei-, drei- und mehrwertigen Alkohole. Da eine derartige OH-Gruppe für die charakteristischen Eigenschaften der Alkohole verantwortlich ist, bezeichnet man solche Gruppen als **funktionelle Gruppen**. Der sonstige Molekülrest kann durch ein großes "R-" symbolisiert werden, wenn an diesem Molekülrest bei der beschriebenen chemischen Reaktion keine Veränderung stattfindet bzw. wenn der Rest bei der Reaktion keine Rolle spielt.

Die Hydroxylgruppe -OH ist nicht zu verwechseln mit dem Hydroxidion OH⁻ der Laugen, das für die alkalische Eigenschaft einer Lösung verantwortlich ist, weil das Hydroxidion über eine Ionenbindung mit dem Molekülrest verbunden ist, die Hydroxylgruppe dagegen über eine Atombindung. So ist sogar auf Grund des -I-Effekts des Sauerstoffatoms die Bindung zwischen Sauerstoff und Wasserstoff in der Hydroxylgruppe polarisiert, so dass unter gewissen Bedingungen dieses Wasserstoffatom als H^+ abgespalten werden kann.

Die Benennung der Alkohole erfolgt stets so, dass an den Namen des zugrundeliegenden Alkans die Endung "-ol" angehängt wird. Die Stellung innerhalb einer längeren Kohlenwasserstoffkette wird durch eine nach- oder vorangestellte Zahl angegeben.

Methanol	CH_3-OH
Ethanol	CH_3-CH_2-OH
Propanol-1 oder 1-Propanol	CH_3-CH_2-CH_2-OH

Kapitel 17

Analog zu den Alkanen unterscheidet man **primäre, sekundäre** und **tertiäre** Alkohole, je nachdem, ob sich die OH-Gruppe an einem primären, sekundären oder tertiären Kohlenstoffatom befindet. Sekundäre werden auch mit der Vorsilbe "iso-" versehen, wie Isopropanol (2-Propanol).

$$H_3C-CH_2-OH \quad \text{Ethanol (primär)}$$

$$H_3C-\underset{CH_3}{\overset{|}{C}H}-OH \quad \text{2-Propanol (sekundär)}$$

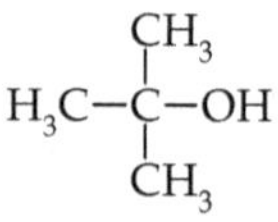

$$H_3C-\underset{CH_3}{\overset{\overset{CH_3}{|}}{C}}-OH \quad \text{tert-Butanol}$$

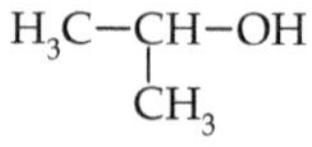

Bei der Benennung der **mehrwertigen Alkohole** wird zwischen den Namen des Alkans und die Endung "-ol" ein Zahlwort eingefügt. ("di-" für zwei, "tri-" für drei, "tetra-" für vier, "penta-" für fünf usw.)

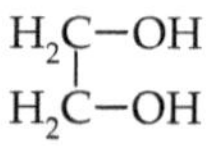

$$\begin{array}{l} H_2C-OH \\ | \\ H_2C-OH \end{array} \quad \begin{array}{l} H_2C-OH \\ | \\ HC-OH \\ | \\ H_2C-OH \end{array}$$

Ethandiol (Glycol) 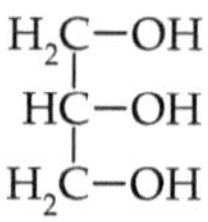   **Propantriol (Glycerin)**

17.1.1 Wichtige Reaktionen der Alkohole

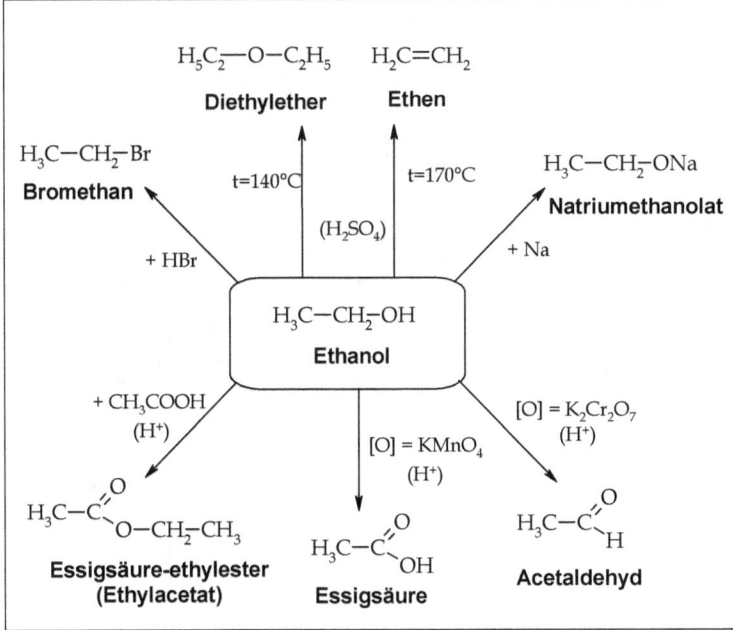

17.2 Phenole

Phenole enthalten eine oder mehrere OH-Gruppen direkt am Benzolring gebunden (ein- und mehrwertige Phenole).

17.2.1 Wichtige Reaktionen der Phenole

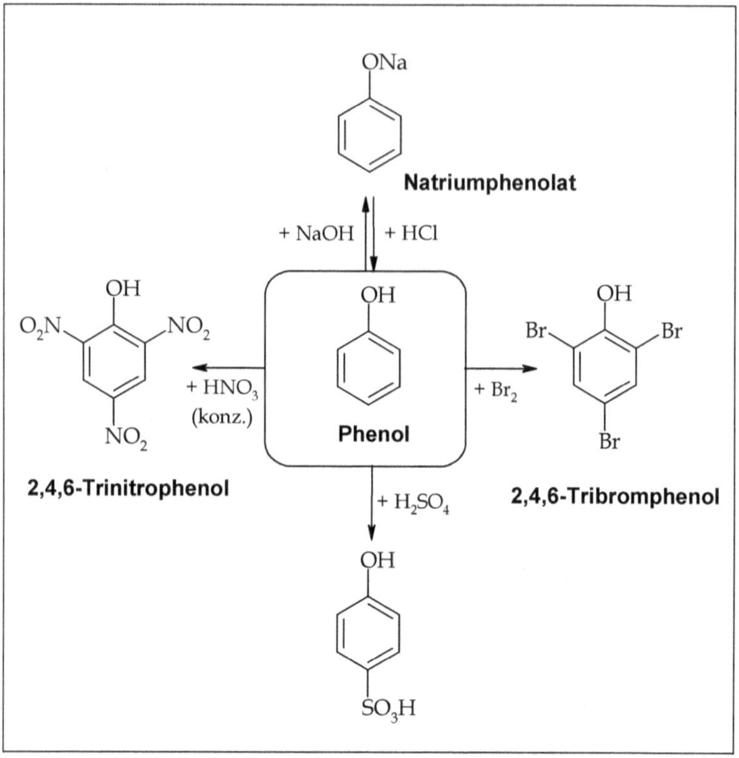

Natriumphenolat (oben, + NaOH / + HCl)

2,4,6-Trinitrophenol (links, + HNO₃ konz.)

Phenol (Mitte)

2,4,6-Tribromphenol (rechts, + Br₂)

unten: + H₂SO₄ → p-Hydroxybenzolsulfonsäure (SO₃H)

17.3 Ether R_1-O-R_2

Durch Reaktion zweier Alkohole miteinander erhält man eine Verbindung, die den Alkoholen isomer ist, die aber keine Hydroxylgruppe aufweist und somit kein Alkohol ist. In dieser Verbindung sind Alkylreste über ein Sauerstoffatom miteinander verbunden. Derartige Verbindungen nennt man Ether. Man kann die Ether als Derivate von Alkanen auffassen, wobei ein Wasserstoffatom des einen Alkans durch eine Alkoxy-gruppe R-O- ersetzt ist. Der Name "Alkoxy-" leitet sich von der Bezeichnung "Alkan" ab. Die Silbe "oxy-" gibt an, dass ein Wasserstoffatom des Alkans durch ein Sauerstoffatom ersetzt ist. Bei der Benennung des Ethers verfährt man wie bei der Nomenklatur der verzweigten Alkane: Man nennt zuerst den

Verbindungen mit funktionellen Gruppen

Namen der Verzweigung mit vorangestellter Nummer der Verzweigungsstelle, also den Namen der Alkoxygruppe und dann den Namen des zugrunde liegenden Alkans.

CH_3-O-CH_3	Methoxymethan
CH_3-O-CH_2-CH_3	Methoxyethan

Die ältere, aber immer noch verwendete Nomenklatur fasst die Ether als Derivate des Wassers auf, wobei dessen Wasserstoffatome durch Alkylreste ersetzt sind. In diesem Falle nennt man die Namen der Alkylreste und hängt das Wort "Ether" an.

CH_3-O-CH_3	Dimethylether
CH_3-O-CH_2-CH_3	Methylethylether
CH_3-CH_2-O-CH_2-CH_3	Diethylether, usw.

17.4 Amine

Diese Stoffgruppe lässt sich formal vom Ammoniak (NH_3) ableiten. Je nach dem, wie viele Wasserstoffatome durch organische Reste ersetzt werden, unterscheidet man zwischen **primären**, **sekundären** und **tertiären** Aminen.

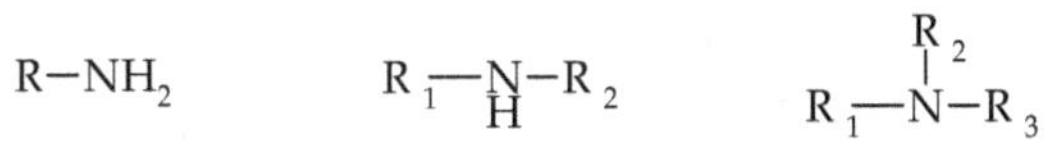

R–NH_2	R_1–NH–R_2	R_1–N(R_2)–R_3
primäre Amine	**sekundäre Amine**	**tertiäre Amine**

Kapitel 17

Je nach Art des Restes kann man **aliphatische** von **aromatischen** Aminen unterscheiden.

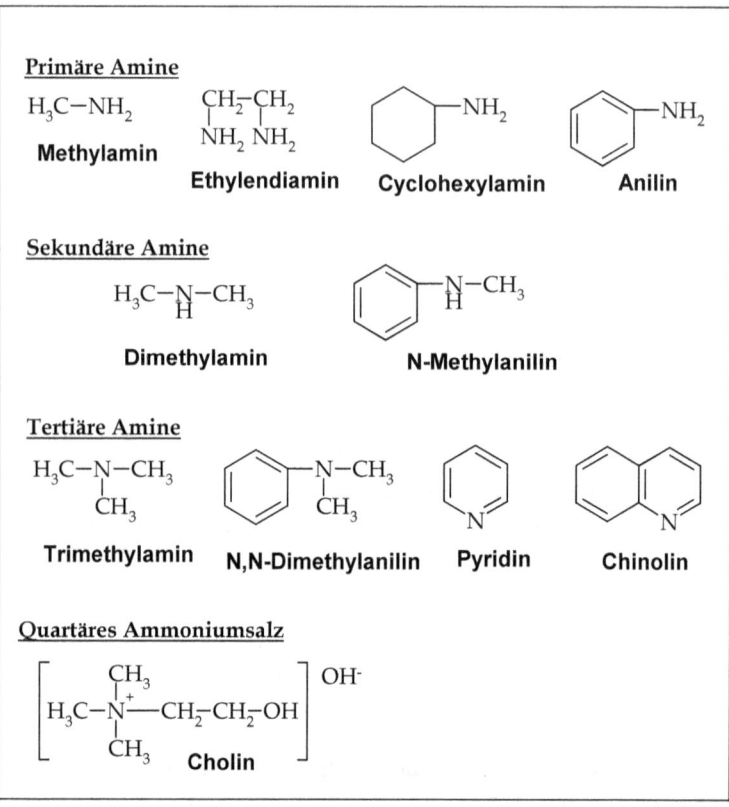

Wegen des freien Elektronenpaares haben die aliphatischen Amine **Basencharakter**, d.h. sie können ein Proton H⁺ aufnehmen.

Ein aliphatisches Amin ist stärker basisch als Ammoniak, weil die elektronenliefernden Alkylgruppen die Ladung des Ammoniumions durch ihren induktiven Effekt stabilisieren. Die Abnahme der Basizität bei tertiären Aminen beruht auf der Abnahme des Stabilisierungsgrades durch Hydratisierung (sterischer Effekt).

Aromatische Amine haben diesen Basencharakter nicht, weil bei ihnen das freie Elektronenpaar in das delokalisierte Elektronensextett einbezogen werden kann und somit zur Bindung des Protons (H⁺) nicht mehr zur Verfügung steht.

Aliphatische Amine bilden analog zu Ammoniak Ammoniumverbindungen:

$$R-NH_2 + HCl \longrightarrow R-\overset{+}{N}H_3 + Cl^-$$

Mit Alkylhalogeniden (R-Hal) kann man aus Aminen bei geeigneter Reaktionstemperatur quartäre Ammoniumsalze herstellen:

$$R-NR_2 + H_3C-I \longrightarrow R-\overset{+}{N}R_2CH_3 + I^-$$

17.5 Übungsaufgaben

1. Welches ist der einfachste primäre, welches der einfachste sekundäre und welches der einfachste tertiäre Alkohol? Zeichnen Sie die Strukturformeln und geben Sie die Namen an.
2. Phenol löst sich in Natronlauge wesentlich besser als in Wasser. Worauf beruht diese Tatsache?
3. Vergleichen Sie die Basenstärke von OH⁻ mit Alkoholat- und Phenolationen.
4. Man lässt Phenol mit Natrium reagieren und das dabei entstehende Reaktionsprodukt anschließend mit 1-Chlorbutan. Zeichnen Sie die Strukturformel des Produktes dieser zweistufigen Synthese.
5. Was entsteht bei der Wasseraddition an 2-Methylpropen (nach Markownikow).
6. Zeichnen Sie die Strukturformeln aller Ethermoleküle der Summenformel $C_4H_{10}O$ und geben Sie ihre IUPAC-Namen an.
7. Welche Konstitutionsformel hat das 1,2-Dimethoxyethan?
8. Geben Sie die Strukturformeln folgender Ether an:
   a) Dipropylether
   b) Ethylbutylether
   c) Methylbutylether.
9. Wie viele Moleküle mit der Summenformel C_3H_9N gibt es und wie heißen sie?

10. Welche Behauptung über die folgenden Stickstoffverbindungen trifft nicht zu?

(1) CH₃CH₂NH₂ (2) CH₃-NH-CH₃ (3) CH₃-NH-C(=O)-CH₃ (4) H₂N-CH₂CH₂-NH₂ (5) (CH₃)₂CH-NH₂

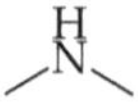

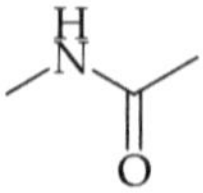

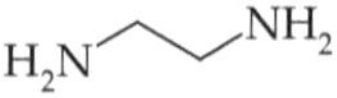

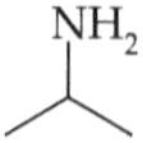

(A) 1 ist ein primäres Amin
(B) 2 ist ein sekundäres Amin
(C) 3 ist ein Säureamid
(D) 4 ist ein sekundäres Amin
(E) 5 hat kein Chiralitätszentrum

Kapitel 18

Carbonylverbindungen

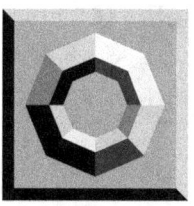

Als Carbonylverbindungen werden alle Verbindungen, die eine **C=O-Gruppierung** besitzen, bezeichnet. Dazu gehören Aldehyde, Ketone und Carbonsäuren und deren Derivate. Allen gemeinsam ist die hohe Reaktivität des Carbonylkohlenstoffs sowie eine, durch den -M-Effekt bedingte, gute Abspaltbarkeit von Wasserstoffionen am benachbarten α-Kohlenstoffatom.

18.1 Aldehyde R-CHO

Sie werden durch Oxidation primärer Alkohole gebildet. Ihre funktionelle Gruppe ist die **Aldehydgruppe**.

Aldehyde besitzen, wie viele andere organische Verbindungen, zwei Namen, einen rationalen und einen Trivialnamen. Der rationale Name entsteht dadurch, dass man den Namen des Alkans, der Kohlenstoffanzahl des Moleküls entsprechend, zugrunde legt und die Endung "-al" anhängt.

$$H-C(=O)H \quad \text{Methanal}$$

$$H_3C-C(=O)H \quad \text{Ethanal}$$

$$H_3C-CH_2-C(=O)H \quad \text{Propanal} \quad \text{usw.}$$

Die Trivialnamen (von C_1 bis C_7) leiten sich von den entsprechenden Säuren ab:

H-CHO	Formaldehyd (formica=Ameise; Ameisensäure)
CH_3-CHO	Acetaldehyd (aceticum = Essig; Essigsäure)
C_2H_5-CHO	Propionaldehyd (Propionsäure)
C_3H_7-CHO	Butyraldehyd (Buttersäure)

Kapitel 18

C_4H_9-CHO   Valeraldehyd (Valeriansäure)
C_5H_{11}-CHO   Caproaldehyd (Capronsäure)
C_6H_{13}-CHO   Heptaldehyd (Heptansäure) usw.

18.1.1 Wichtige Reaktionen der Aldehyde

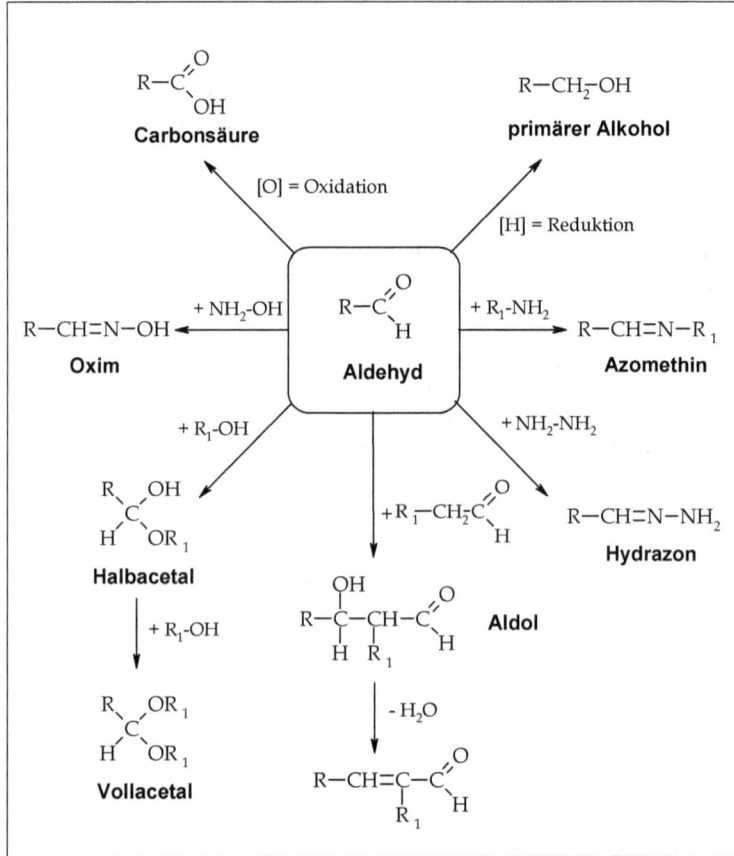

18.2 Ketone

Ketone haben vieles mit den Aldehyden gemeinsam, da sie die gleiche funktionelle Gruppe (die Carbonylgruppe) gemeinsam haben. Der Unterschied zu den Aldehyden besteht allerdings darin, dass das Wasserstoffatom der Aldehydgruppe hier durch ein Kohlenstoffatom, bzw. einen organischen Rest ersetzt ist.

Carbonylverbindungen

Durch diese Änderung haben die Ketone keine Neigung zu Reduktionsreaktionen. Polymerisationsreaktionen sind selten und verlaufen träger.

Additionsreaktionen verlaufen dagegen praktisch genauso wie bei den Aldehyden.

Neu sind die Substitutionsreaktionen. Sie verlaufen als elektrophile Substitution der Wasserstoffatome am α-Kohlenstoffatom.

Ketone bilden, wie die Aldehyde eine homologe Reihe und werden analog zu diesen benannt. Dem Namen des zu Grunde liegenden Alkans wird die Endung "-on" angehängt. Die Stellung der Ketogruppe in der Kohlenstoffkette wird durch eine vorangestellte Zahl angegeben.

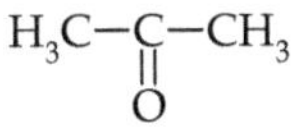

$$H_3C-\underset{\underset{O}{\|}}{C}-CH_3 \qquad \text{Propanon (Aceton)}$$

$$H_3C-\underset{\underset{O}{\|}}{C}-CH_2-CH_3 \qquad \text{2-Butanon}$$

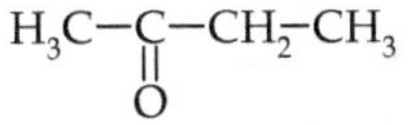

18.2.1 Wichtige Reaktionen der Ketone

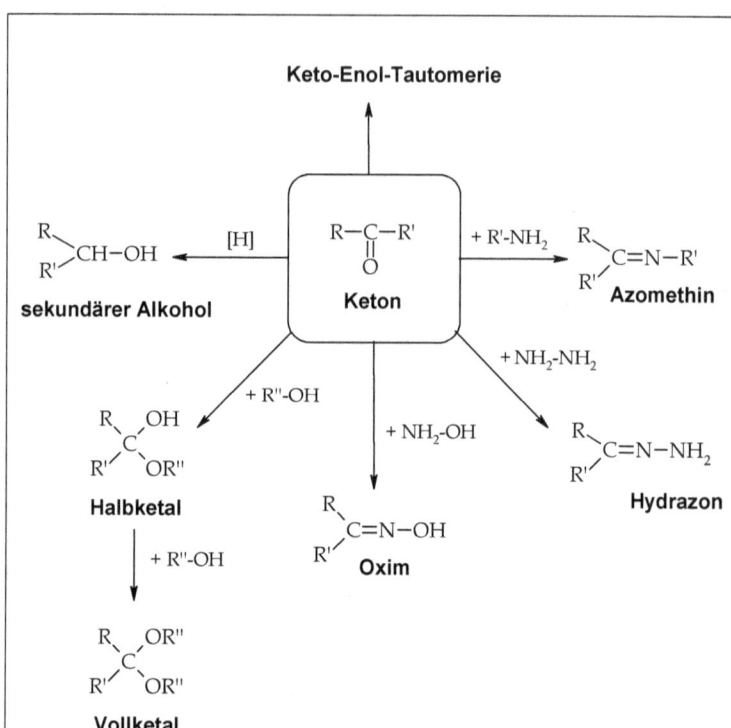

18.3 Übungsaufgaben

1. Geben Sie die Strukturformeln folgender Verbindungen an:
   a) Butanal
   b) 2-Methylpentanal
   c) 2-Methyl-3-hexanon
   d) Dipropylketon

2. Geben Sie die Oxidationszahlen der Atome der Moleküle von Ethanol und Ethanal (Acetaldehyd) an. Ist die Überführung von Ethanol in Ethanal eine Oxidation oder Reduktion? Begründen Sie Ihre Antwort.

3. Zeichnen Sie das Reaktionsprodukt einer Addition von Ethanol an Pentanal. Handelt es sich dabei um einen Alkohol oder um einen Ether?

4. Wie kann man experimentell Aldehyde und Ketone unterscheiden?

5. Schreiben Sie ausgehend von 1 mol Aceton und 1 mol Benzaldehyd Reaktionsgleichung für die Aldol-Addition und die Aldol-Kondensation auf.
6. Zeichnen Sie die Keto- und die Enolform von Cyclohexanon.
7. Warum ist die Enolform von β-Dicarbonylverbindungen stabiler als die von Monocarbonylverbindungen?
8. Beschreiben Sie die Darstellung von Dibenzalaceton aus Benzaldehyd und Aceton mit Hilfe von Reaktionsgleichungen.
9. Vorgegeben ist folgende Verbindung:

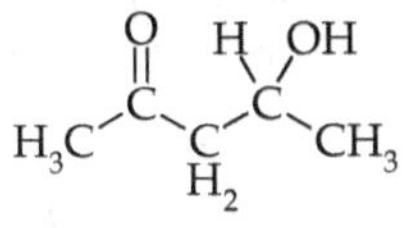

$$H_3C-\overset{O}{\underset{}{C}}-\underset{H_2}{C}-\overset{H}{\underset{}{C}}\overset{OH}{\underset{}{-}}CH_3$$

Aus welchen Komponenten setzt sich die Verbindung zusammen, wenn man weiß, dass eine Aldoladdition stattgefunden hat?
(1) 2-Propanol
(2) Acetaldehyd
(3) Aceton
(4) Essigsäure
(5) Ethanol

(A) nur 1 und 2 sind richtig
(B) nur 1 und 3 sind richtig
(C) nur 2 und 3 sind richtig
(D) nur 2 und 4 sind richtig
(E) nur 4 und 5 sind richtig

10. Bei welchen der nachfolgenden Carbonylverbindungen lässt sich keine Enol-Form formulieren?

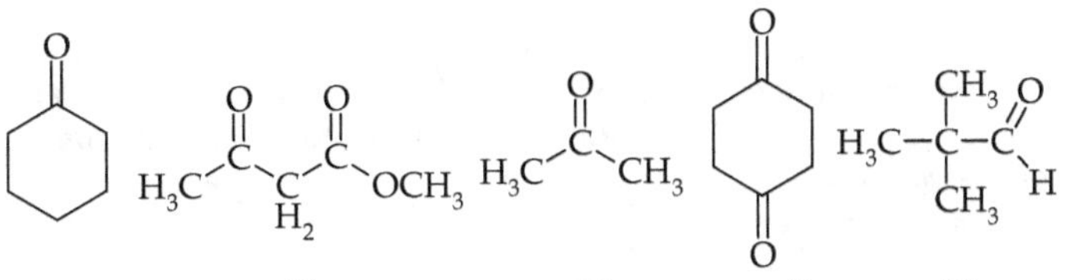

(1)   (2)   (3)   (4)   (5)

(A) nur bei 4
(B) nur bei 5
(C) nur bei 1 und 4
(D) nur bei 2 und 3
(E) nur bei 4 und 5

Kapitel 19

Carbonsäuren und ihre Derivate

Nach der anorganischen Definition sind Säuren Verbindungen, die ein Proton H^+ abspalten können. Diese Definition ist auch auf die organischen Säuren anzuwenden. Ihre funktionelle Gruppe (die **Carboxylgruppe**) ist für die Säurewirkung verantwortlich.

Die Abspaltung des Protons ist aus folgenden Gründen möglich:

- zum einen, weil der dann entstehende Molekülrest der funktionellen Gruppe, das Carboxylation durch Mesomerie stabilisiert ist;

$$R-C\begin{matrix}\nearrow \overline{\underline{O}}\,|\\ \searrow \underline{\underline{O}}\,|^{\ominus}\end{matrix} \longleftrightarrow R-C\begin{matrix}\nearrow \overline{\underline{O}}\,|^{\ominus}\\ \searrow \underline{\underline{O}}\,|\end{matrix}$$

- zum zweiten, weil die Carbonylgruppe (C=O) einen -I-Effekt hat und somit die Bindung zwischen Sauerstoff und Wasserstoff stark polarisiert.

Im Vergleich mit den anorganischen Säuren sind die Carbonsäuren **schwache Säuren**, da die organischen Reste oft +I-Effekte haben, die eine Polarisierung der Bindung zwischen dem Sauerstoff und dem Wasserstoff verringern.

Je nach Anzahl der Carboxylgruppen in einem Säuremolekül unterscheidet man Monocarbonsäuren von Di- oder Tricarbonsäuren. Ist der Säurerest (R-) gesättigt oder ungesättigt oder besteht sogar aus einem aromatischen Rest, kann man weitere Untergruppen von Carbonsäuren bilden.

19.1 Monocarbonsäuren

19.1.1 Gesättigte Monocarbonsäuren

Monocarbonsäuren bilden eine homologe Reihe mit der allgemeinen Summenformel $C_nH_{2n+1}COOH$.

Carbonsäuren und ihre Derivate

Die Anzahl der Kohlenstoffatome eines Säuremoleküls ist für die Benennung ausschlaggebend. Ein Kohlenstoffatom, nämlich das der funktionellen Gruppe, macht diese Säure mit dem Methan (CH_4) vergleichbar. Daher wird diese Säure Methansäure genannt. Dem Namen des entsprechenden Alkans wird die Silbe "-säure" angehängt.

Viele Carbonsäuren sind schon seit längerem bekannt und tragen daher ihre Trivialnamen, die oft bekannter sind als die neuen Nomenklaturnamen. Die Trivialnamen geben meist die Herkunft der betreffenden Säure an. Die Salze der Monocarbonsäuren sind meist nur unter ihrem Trivialnamen bekannt.

Methansäure	H—COOH	**Ameisensäure (Formiat)**
Ethansäure	H_3C—COOH	**Essigsäure (Acetat)**
Propansäure	C_2H_5—COOH	**Propionsäure (Propionat)**
Butansäure	C_3H_7—COOH	**Buttersäure (Butyrat)**
Pentansäure	C_4H_9—COOH	**Valeriansäure (Valerianat)**
Hexansäure	C_5H_{11}—COOH	**Capronsäure (Capronat)**

19.1.2 Ungesättigte Monocarbonsäuren

H₂C=CH-COOH
Acrylsäure

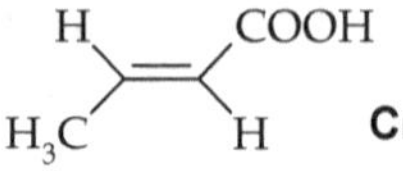

(cis-Crotonsäure-Struktur: H und COOH an Doppelbindung, H₃C und H)
Crotonsäure

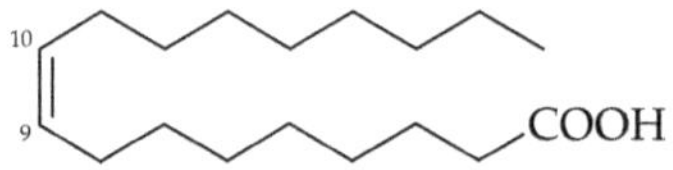

Ölsäure (cis)
$C_{17}H_{33}COOH$

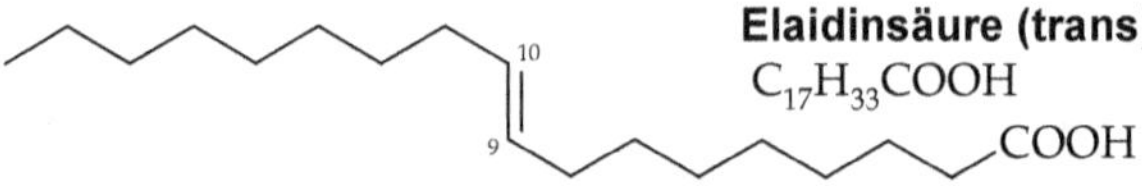

Elaidinsäure (trans)
$C_{17}H_{33}COOH$

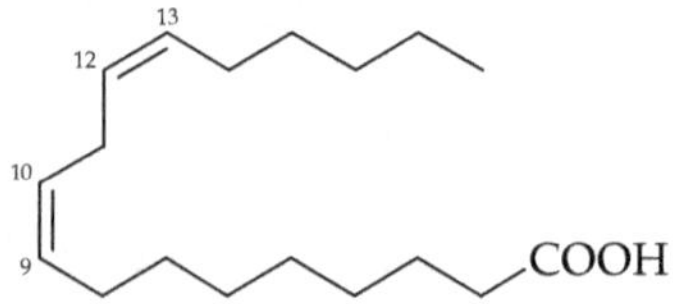

Linolsäure
$C_{17}H_{31}COOH$

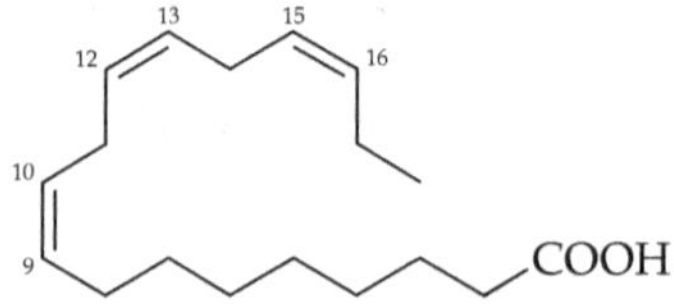

Linolensäure
$C_{17}H_{29}COOH$

19.1.3 Aromatische und heterocyclische Monocarbonsäuren

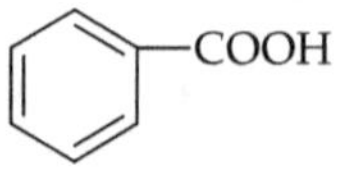

Benzoesäure

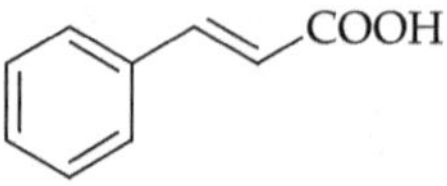

Zimtsäure

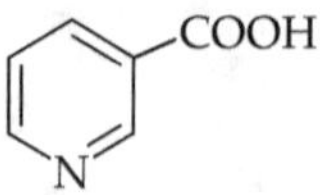

Nicotinsäure
(Pyridin-3-carbonsäure)

19.2 Dicarbonsäuren

19.2.1 Gesättigte Dicarbonsäuren

Ethandisäure	$\begin{array}{c}\text{COOH}\\|\\\text{COOH}\end{array}$	Oxalsäure (Oxalat)
Propandisäure	$\begin{array}{c}\text{COOH}\\|\\\text{CH}_2\\|\\\text{COOH}\end{array}$	Malonsäure (Malonat)
Butandisäure	$\begin{array}{c}\text{COOH}\\|\\(\text{CH}_2)_2\\|\\\text{COOH}\end{array}$	Bernsteinsäure (Succinat)
Pentandisäure	$\begin{array}{c}\text{COOH}\\|\\(\text{CH}_2)_3\\|\\\text{COOH}\end{array}$	Glutarsäure (Glutarat)
Hexandisäure	$\begin{array}{c}\text{COOH}\\|\\(\text{CH}_2)_4\\|\\\text{COOH}\end{array}$	Adipinsäure (Adipat)

Diese Säuren unterscheiden sich von den bisher besprochenen durch eine zweite Carboxylgruppe, die sich am Ende des Säuremoleküls befindet. Sie bilden eine homologe Reihe, wobei die Anzahl der Kohlenstoffatome den Namen des entsprechenden Alkans bestimmt, dem die Silben "-disäure" angehängt werden. Allerdings haben alle diese Verbindungen auch Trivialnamen, unter denen sie unter Umständen besser bekannt sind. Der Trivialname gibt das natürliche Vorkommen der Verbindung an.

19.2.2 Ungesättigte Dicarbonsäuren

Maleinsäure
$$\begin{array}{c}\text{H}\quad\quad\text{COOH}\\\diagdown\;\;\diagup\\\text{C}=\text{C}\\\diagup\;\;\diagdown\\\text{H}\quad\quad\text{COOH}\end{array}$$

$$\begin{array}{c}\text{H}\quad\quad\text{COOH}\\\diagdown\;\;\diagup\\\text{C}=\text{C}\\\diagup\;\;\diagdown\\\text{HOOC}\quad\text{H}\end{array}$$
Fumarsäure

19.2.3 Aromatische Dicarbonsäuren

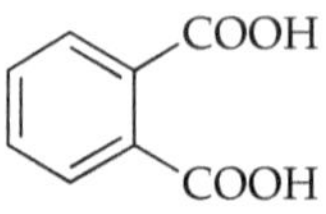

Phtalsäure

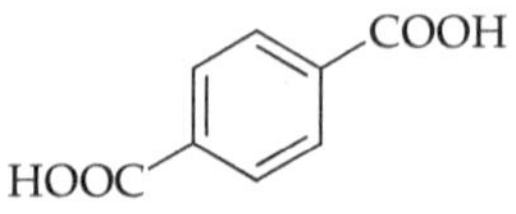

Terephtalsäure

19.3 Substituierte Carbonsäuren

19.3.1 Halogencarbonsäuren

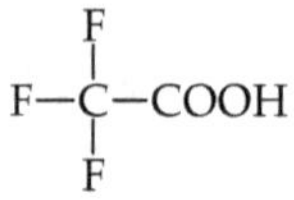

Struktur	Name
$F_3C-COOH$	Trifluoressigsäure
$Cl_3C-COOH$	Trichloressigsäure
$Cl_2CH-COOH$	Dichloressigsäure
$F-CH_2-COOH$	Monofluoressigsäure
$Cl-CH_2-COOH$	Monochloressigsäure
$Br-CH_2-COOH$	Bromessigsäure
$Cl-CH_2-(CH_2)_2-COOH$	4-Chlorbuttersäure

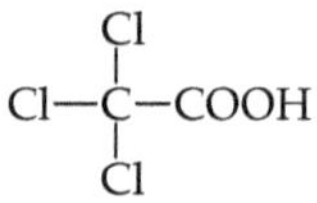

19.3.2 Hydroxycarbonsäuren

$$\begin{array}{c} \text{COOH} \\ | \\ \text{HC-OH} \\ | \\ \text{CH}_3 \end{array}$$

Milchsäure (Lactat)

$$\begin{array}{c} \text{COOH} \\ | \\ \text{HC-OH} \\ | \\ \text{H}_2\text{C-OH} \end{array}$$

Glycerinsäure (Glycerat)

$$\begin{array}{c} \text{COOH} \\ | \\ \text{CH}_2 \\ | \\ \text{HC-OH} \\ | \\ \text{COOH} \end{array}$$

Äpfelsäure (Malat)

$$\begin{array}{c} \text{COOH} \\ | \\ \text{HC-OH} \\ | \\ \text{HC-OH} \\ | \\ \text{COOH} \end{array}$$

Weinsäure (Tartrat)

$$\begin{array}{c} \text{COOH} \\ | \\ \text{CH}_2 \\ | \\ \text{HO-C-COOH} \\ | \\ \text{CH}_2 \\ | \\ \text{COOH} \end{array}$$

Zitronensäure (Citrat)

Salicylsäure (Salicylat)

Bei diesen Verbindungen sind ein, oder mehrere Wasserstoffatome im aliphatischen Rest durch **Hydroxylgruppen** (-OH) ersetzt. Durch deren **-I-Effekt** wird, vor allem in der α-Stellung, der Säuregrad der Carbonsäure verstärkt.

19.3.3 Ketocarbonsäuren

$$\text{H}_3\text{C-}\underset{\underset{\text{O}}{\|}}{\text{C}}\text{-COOH}$$

Brenztraubensäure (Pyruvat)

$$\text{HOOC-CH}_2\text{-}\underset{\underset{\text{O}}{\|}}{\text{C}}\text{-COOH}$$

Oxalessigsäure (Oxalacetat)

$$\text{HOOC-CH}_2\text{-CH}_2\text{-}\underset{\underset{\text{O}}{\|}}{\text{C}}\text{-COOH}$$

α-Ketoglutarsäure (α-Ketoglutarat)

$$\text{H}_3\text{C-}\underset{\underset{\text{O}}{\|}}{\text{C}}\text{-CH}_2\text{-COOH}$$

Acetessigsäure (Acetoacetat)

Bei diesen Verbindungen befindet sich eine **Ketogruppe** am aliphatischen Säurerest. Erwähnenswert sind die Ketosäuren, von denen die Brenztraubensäure (α-Ketopropansäure) die wichtigste ist.

Ihre Salze nennt man Pyruvate. Die Brenztraubensäure bzw. ihre Salze spielen im Kohlenhydratstoffwechsel der Lebewesen eine Schlüsselrolle.

19.3.4 Wichtige Reaktionen der Carbonsäuren

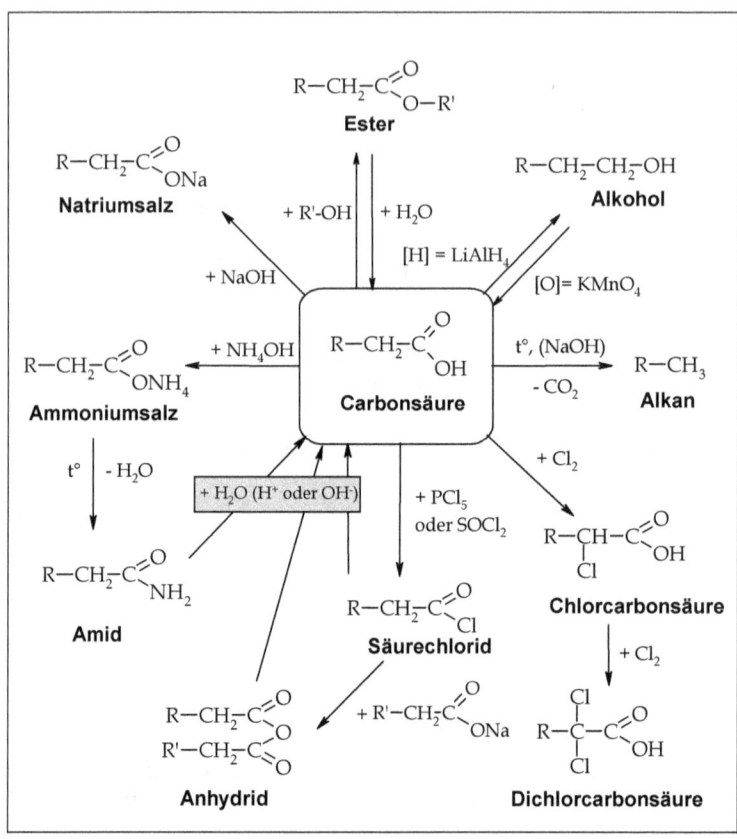

19.3.5 Medizinisch wichtige Substanzen

Acetylsalicylsäure ("Aspirin")

p-Hydroacetanilid ("Paracetamol")

Acetylcholin

19.4 Carbonsäurederivate

19.4.1 Wichtige Reaktionen der Carbonsäurederivate

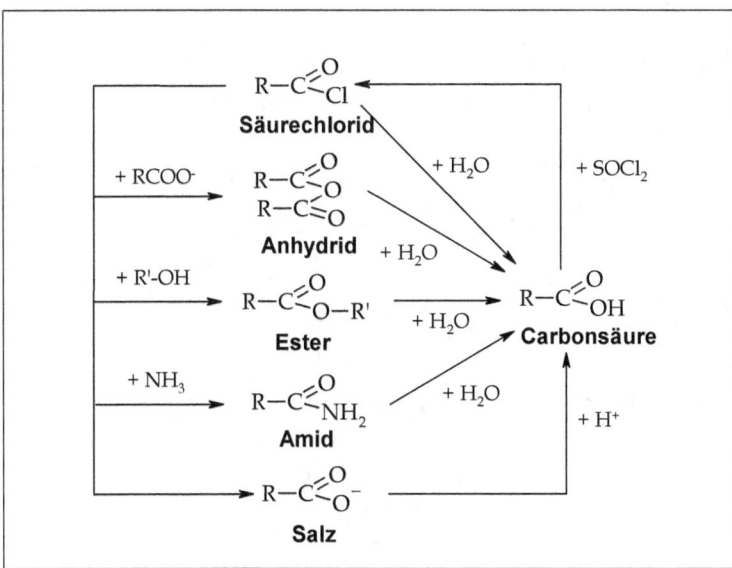

19.5 Carbonsäurehalogenide

Carbonsäurehalogenide enthalten die funktionelle Gruppe -COX

(X=Halogen). Sie leiten sich von den Carbonsäuren durch Ersatz der OH-Gruppe in der Carboxylgruppe durch -X ab.

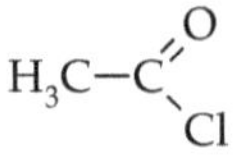

$$H_3C-C\underset{Cl}{\overset{O}{\diagup}} \quad \text{Acetylchlorid}$$

$$C_6H_5-C\underset{Cl}{\overset{O}{\diagup}} \quad \text{Benzoylchlorid}$$

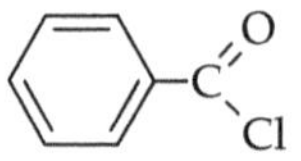

19.5.1 Darstellung

$$R-C\underset{OH}{\overset{O}{\diagup}} + O=S\underset{Cl}{\overset{Cl}{\diagup}} \longrightarrow R-C\underset{Cl}{\overset{O}{\diagup}} + SO_2 + HCl$$

oder

$$5\ R-C\underset{OH}{\overset{O}{\diagup}} + PCl_5 \longrightarrow 5\ R-C\underset{Cl}{\overset{O}{\diagup}} + H_3PO_4 + H_2O$$

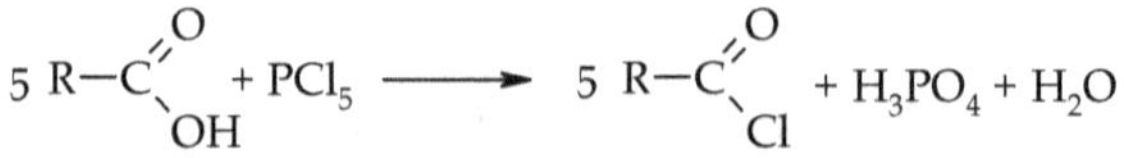

19.6 Anhydride

Unter dem Einfluss wasserentziehender Mittel bilden sich Carbonsäureanhydride.

Intermolekulare Anhydridbildung

$$R-C\underset{OH}{\overset{O}{\diagup}} + \underset{HO}{\overset{O}{\diagup}}C-R \xrightarrow{-H_2O} R-\overset{O}{\underset{\|}{C}}-O-\overset{O}{\underset{\|}{C}}-R$$

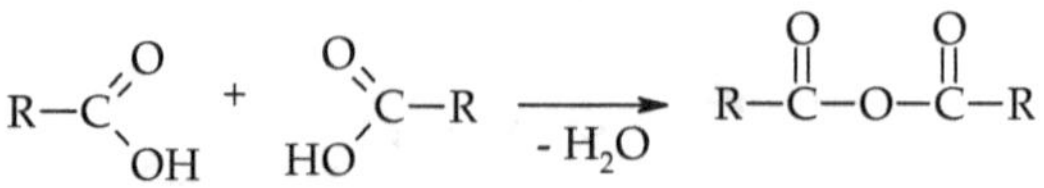

Intramolekulare Anhydridbildung

$$\begin{array}{c} H_2C-C(=O)-OH \\ | \\ H_2C-C(=O)-OH \end{array} \xrightarrow{-H_2O} \begin{array}{c} H_2C-C(=O) \\ | \quad \quad \quad \diagdown O \\ H_2C-C(=O) \end{array}$$

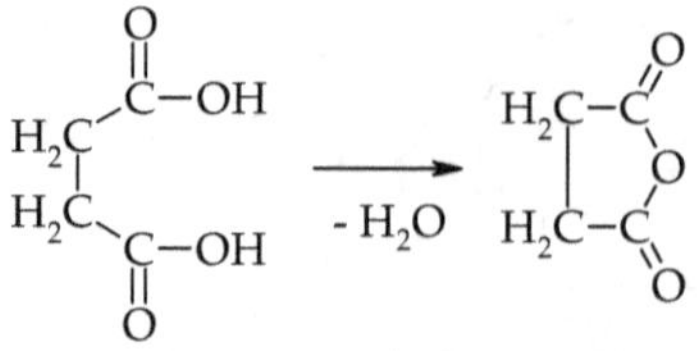

19.7 Ester

Wie schon mehrfach erwähnt, entstehen diese Verbindungen durch Reaktionen zwischen **Alkoholen** und **Säuren**. Dazu sind nicht nur organische Säuren geeignet, sondern auch anorganische.

Grundsätzlich wird bei der Veresterung immer Wasser abgespalten und zwar derart, dass der Alkohol das Wasserstoffatom und die Säure die Hydroxylgruppe (-OH) liefern. Daher können auch nur solche anorganische Säuren Veresterungen eingehen, die ihr Säureproton an ein Sauerstoffatom gebunden haben. Salzsäure (HCl) ist dazu folglich nicht geeignet.

$$R-C\overset{O}{\underset{OH}{\diagdown}} \xrightarrow{+H^+} R-C\overset{\overset{+}{O}H}{\underset{OH}{\diagdown}} \xrightarrow{\underline{|O-R_1}} R-\underset{\underset{H}{O}}{\overset{OH}{\underset{|}{C}}}-\overset{+}{O}-R_1 \longrightarrow$$

(1) (2) (3)

$$\xrightarrow{(3)} R-\underset{\underset{H}{\overset{|}{O}}\diagdown H}{\overset{OH}{\underset{|}{C}}}-O-R_1 \xrightarrow{-H_2O} R-C\overset{\overset{+}{O}-H}{\underset{OR_1}{\diagdown}} \xrightarrow{-H^+} R-C\overset{O}{\underset{OR_1}{\diagdown}}$$

(4) (5)

Die Esterspaltung oder Verseifung durchläuft die gleichen Reaktionsschritte wie die Veresterung, nur "rückwärts". Die Bezeichnung "Verseifung" wurde deshalb gewählt, weil bei einem Sonderfall der Esterspaltung, der Hydrolyse der Fette, Seifen entstehen.

Im Gegensatz zum säurekatalytischen Prozess verläuft alkalische Esterhydrolyse irreversibel.

$$R-C\overset{O}{\underset{OR_1}{\diagdown}} \longrightarrow \left[R-\underset{OH}{\overset{\overline{|O|^-}}{\underset{|}{C}}}-OR_1 \right] \longrightarrow \left[R-C\overset{O}{\underset{OH}{\diagdown}} + \overset{-}{O}-R_1 \right]$$

$$Na^+ |\overline{OH}^-$$

$$\downarrow$$

$$R-C\overset{O}{\underset{O^-Na^+}{\diagdown}} + HO-R_1$$

Bei der Bezeichnung der Ester gibt man zuerst den Namen der Säure an, benennt dann das Radikal des entsprechenden Alkohols und hängt den Namen "-ester" an.

$H_3C-C{\overset{O}{\underset{O-CH_3}{\lessdot}}}$ **Essigsäuremethylester**

$H_3C-CH_2-C{\overset{O}{\underset{O-CH_2-CH_2-CH_3}{\lessdot}}}$ **Propionsäurepropylester**

Allerdings gibt es auch hier Trivialnamen. Bei dieser Art der Benennung wird der Ester als Salz der betreffenden Säure aufgefasst. Dabei wird zuerst das Radikal des Alkohols benannt und die Salzbezeichnung der Säure nachgestellt.

$H_3C-C{\overset{O}{\underset{O-CH_2-CH_3}{\lessdot}}}$ **Ethylacetat**

$H_3C-CH_2-C{\overset{O}{\underset{O-CH_2-CH_2-CH_3}{\lessdot}}}$ **Propylpropionat**

19.7.1 Cyclische Ester (Lactone)

Wenn Carboxylgruppe und OH-Gruppe desselben Moleküls einen Ester bilden (**intramolekulare Esterbildung**), entsteht ein Lacton.

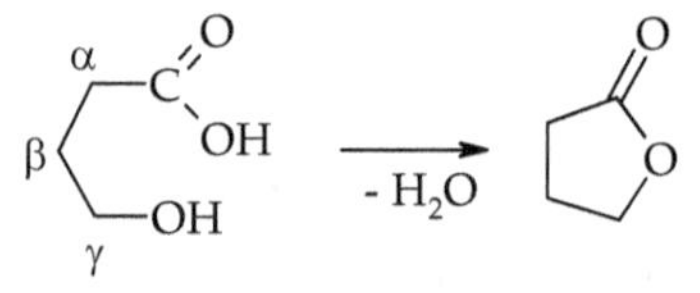

γ-Hydroxybuttersäure → γ-Butyrolacton   (− H_2O)

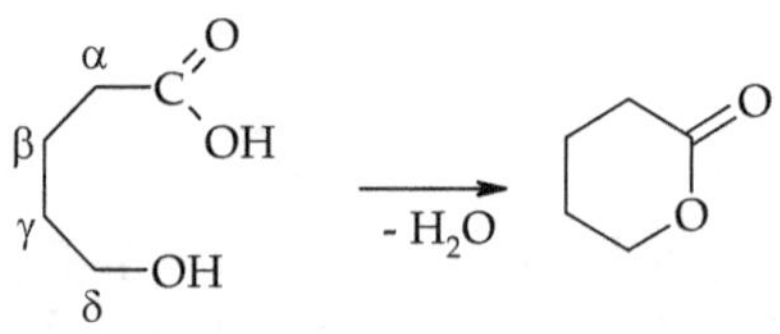

δ-Hydroxyvaleriansäure → δ-Valerolacton   (− H_2O)

19.7.2 Thioester

Thioester können aus **Thioalkoholen** (Mercaptanen R-SH) und **Carbonsäuren** bzw. Säurechloriden hergestellt werden.

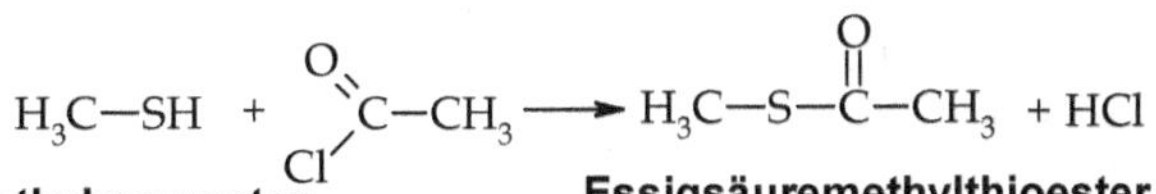

$$H_3C-SH + \underset{Cl}{\overset{O}{\underset{\|}{C}}}-CH_3 \longrightarrow H_3C-S-\overset{O}{\underset{\|}{C}}-CH_3 + HCl$$

Methylmercaptan   Acetylchlorid   Essigsäuremethylthioester

Beispiel

$$H_3C-\overset{O}{\underset{S-\text{Enzym A}}{C}}$$

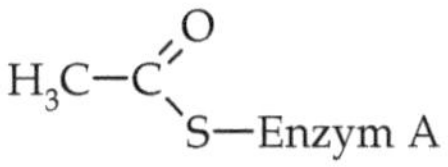

Acetyl-Coenzym A

19.7.3 Ester anorganischer Säuren
- Ester der Salpetersäure

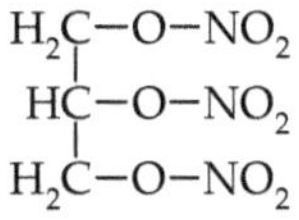

$$\begin{array}{l} H_2C-O-NO_2 \\ HC-O-NO_2 \\ H_2C-O-NO_2 \end{array} \quad \text{Glycerintrinitrat}$$

Kapitel 19

- Ester der Phosphorsäure

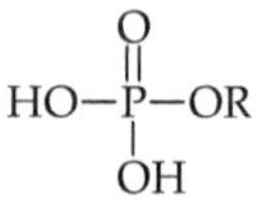

$$\text{HO}-\underset{\underset{\text{OH}}{|}}{\overset{\overset{\text{O}}{\|}}{\text{P}}}-\text{OR} \quad \text{Phosphorsäuremonoester}$$

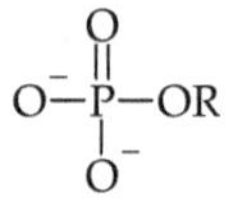

$$\text{O}^-\underset{\underset{\text{O}^-}{|}}{\overset{\overset{\text{O}}{\|}}{\text{P}}}-\text{OR} \quad \text{(als Dianion)}$$

$$\underset{\underset{\text{COO}^-}{|}}{\overset{\overset{\text{CH}_2}{\|}}{\text{C}}}-\text{O}-\underset{\underset{\text{O}^-}{|}}{\overset{\overset{\text{O}}{\|}}{\text{P}}}-\text{O}^- \quad \begin{array}{l}\text{Phosphoenolpyruvat}\\\text{(PEP)}\end{array}$$

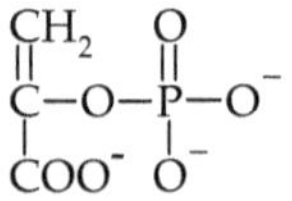

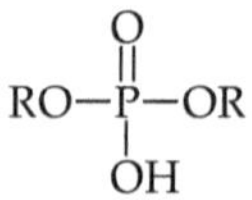

$$\text{RO}-\underset{\underset{\text{OH}}{|}}{\overset{\overset{\text{O}}{\|}}{\text{P}}}-\text{OR} \quad \text{Phosphorsäurediester}$$

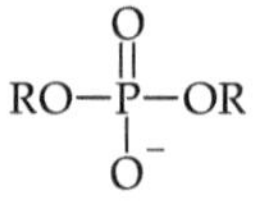

$$\text{RO}-\underset{\underset{\text{O}^-}{|}}{\overset{\overset{\text{O}}{\|}}{\text{P}}}-\text{OR} \quad \text{(als Anion)}$$

$$\begin{array}{l}\text{H}_2\text{C}-\text{O}-\overset{\overset{\text{O}}{\|}}{\text{C}}-(\text{CH}_2)_{14}\text{CH}_3\\\text{H}\text{C}-\text{O}-\overset{\overset{\text{O}}{\|}}{\text{C}}-(\text{CH}_2)_{14}\text{CH}_3\\\text{H}_2\text{C}-\text{O}-\underset{\underset{\text{O}^-}{|}}{\overset{\overset{\text{O}}{\|}}{\text{P}}}-\text{O}-(\text{CH}_2)_2\overset{\overset{\text{CH}_3}{|}}{\underset{\underset{\text{CH}_3}{|}}{\text{N}^+}}-\text{CH}_3\end{array} \quad \text{Lecithin}$$

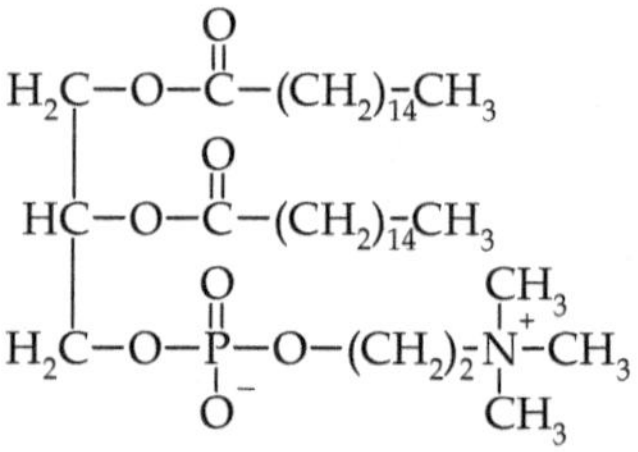

19.8 Amide

Darstellung der Säureamide erfolgt durch Umsetzung von Säurehalogeniden mit den entsprechenden Aminen.

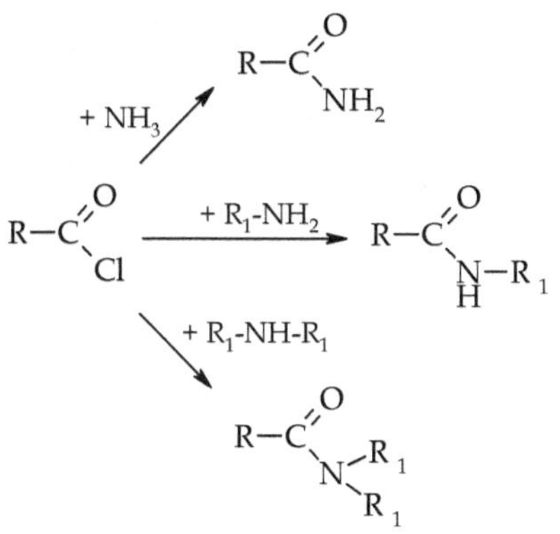

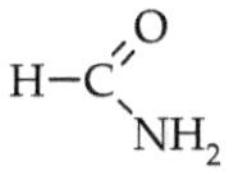

$$R-C(=O)Cl \xrightarrow{+NH_3} R-C(=O)NH_2$$

$$R-C(=O)Cl \xrightarrow{+R_1-NH_2} R-C(=O)-N(H)-R_1$$

$$R-C(=O)Cl \xrightarrow{+R_1-NH-R_1} R-C(=O)-N(R_1)(R_1)$$

- $H-C(=O)NH_2$ — **Formamid**
- $H-C(=O)-N(CH_3)_2$ — **Dimethylformamid (DMF)**
- $H_3C-C(=O)NH_2$ — **Acetamid**
- $H_2N-C(=O)-NH_2$ — **Harnstoff**
- $H_2N-C(=NH)-NH_2$ — **Guanidin**
- $H_3C-C(=O)-NH-C_6H_5$ — **Acetanilid**

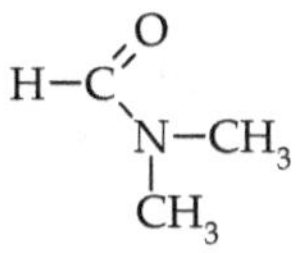

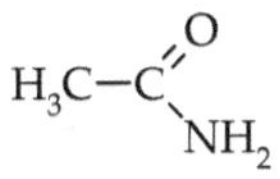

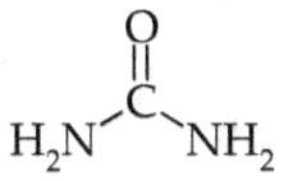

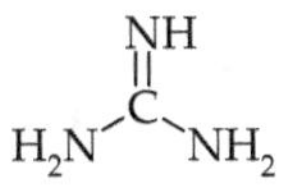

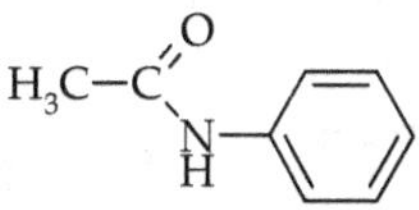

19.8.1 Cyclische Amide (Lactame)

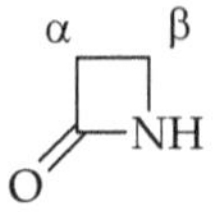

β-Lactam

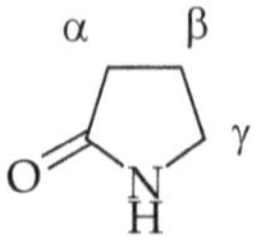

γ-Lactam

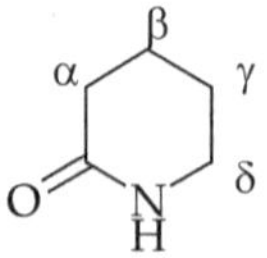

δ-Lactam

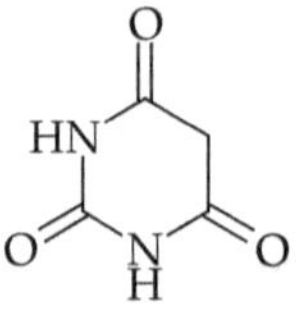

Barbitursäure als Lactam-Tautomer

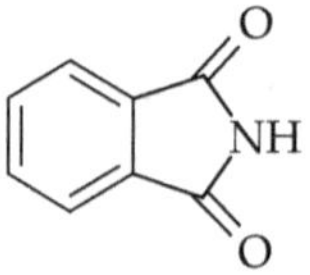

Phtalimid

19.9 Übungsaufgaben

1. Wie viele Benzoldicarbonsäuren gibt es?
2. Die Zitronensäure kann als 2-Hydroxypropan-1,2,3-tricarbonsäure bezeichnet werden. Geben Sie die Strukturformel an.
3. Zeichnen Sie das Phenylbenzoat. Zu welcher Verbindungsklasse gehört es?
4. Wie kann man Ameisensäureethylester herstellen?
5. Welche Reaktionsprodukte liegen nach erfolgter Verseifung vor?
6. Was entsteht bei der Hydrolyse folgender Verbindungen:
   a) Cyclohexancarbonsäurephenylester
   b) Benzolcarbonsäurecyclohexylester?

Carbonsäuren und ihre Derivate

7. Was entsteht, wenn zwei Essigsäuremoleküle unter Dehydratisierung kondensieren?

8. Zeichnen Sie das Phtalsäureanhydrid, das durch intramolekulare Dehydratisierung aus Benzol-1,2-dicarbonsäure (Phtalsäure) entsteht.

9. Mit welchem der Reagenzien lässt sich Salicylsäure (1) in Acetylsalicylsäure (2) überführen?

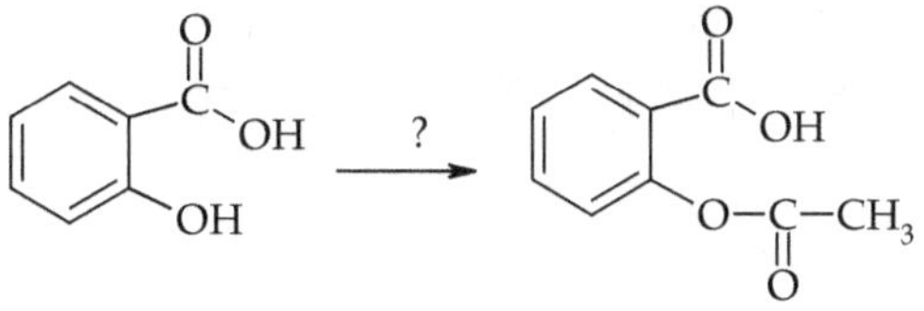

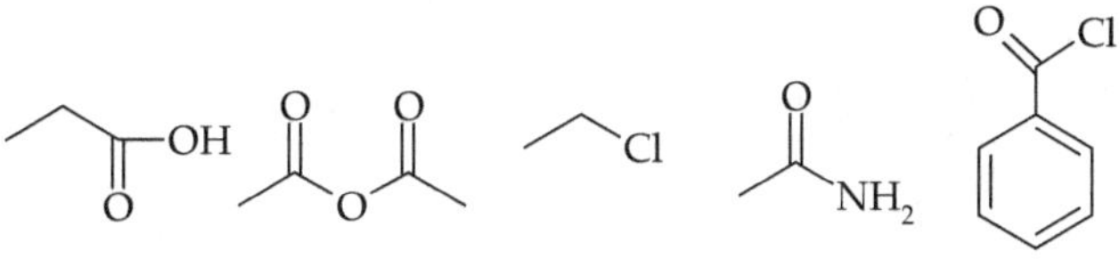

(A) (B) (C) (D) (E)

10. Zeichnen Sie die Keto- und die Enolform des Acetessigesters.

11. Welche Reaktion läuft beim Erhitzen einer β-Ketocarbonsäure?

12. Schreiben Sie die Strukturformel des Produktes, das bei folgender Reaktion entsteht:

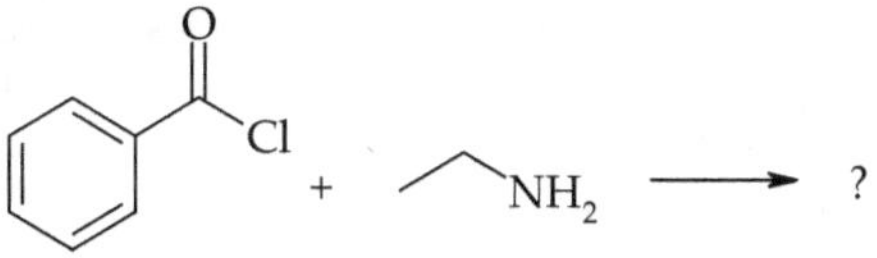

13. Welche Aussage über die Esterspaltung trifft nicht zu?
(A) Sie kann durch starke Säuren katalysiert werden.
(B) Sie verläuft in saurem Milieu irreversibel.
(C) Sie lässt sich durch Erwärmen der Reaktionslösung beschleunigen.
(D) In wässrigem Natriumhydroxid entsteht das Natriumsalz der Carbonsäure.
(E) Die Spaltung von Acetylcholin ist eine Esterspaltung.

14. Esterbindungen können alkalisch oder sauer hydrolysiert werden. Welche Ausssage trifft nicht zu?
(A) Die alkalische Hydrolyse ist irreversibel.
(B) Die saure Hydrolyse ist reversibel.

(C) Bei der alkalischen Hydrolyse werden stöchiometrische Mengen an OH⁻-Ionen verbraucht.
(D) Bei der sauren Hydrolyse werden stöchiometrische Mengen an H⁺-Ionen verbraucht.
(E) Das H⁺-Ion greift am Carbonylsauerstoffatom und das OH⁻-Ion am Carbonylkohlenstoffatom an.

15. Welche Aussage zu nachstehendem Gleichgewicht trifft nicht zu?

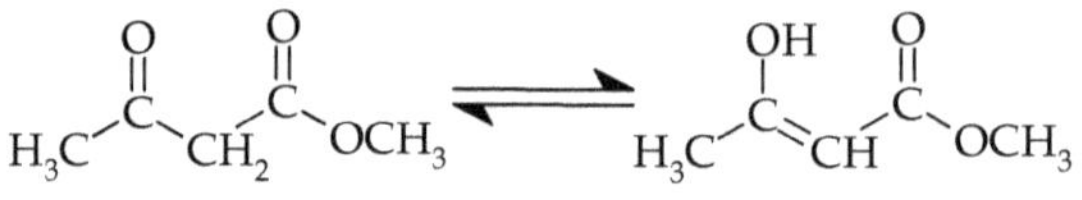

$$H_3C-\underset{\underset{O}{\|}}{C}-CH_2-\underset{\underset{O}{\|}}{C}-OCH_3 \rightleftharpoons H_3C-\underset{\underset{OH}{|}}{C}=CH-\underset{\underset{O}{\|}}{C}-OCH_3$$

(1)   (2)

(A) Protonen der Methylgruppe in Verbindung 1 sind sauer
(B) Verbindung 2 ist ein Alkohol
(C) 1 ist die Ketoform
(D) 2 ist die Enolform
(E) 1 und 2 sind Carbonsäureester.

Kapitel 20
Naturstoffe

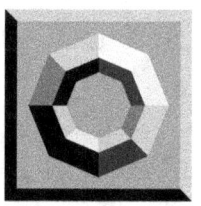

20.1 Zucker

In den meisten Kohlenhydraten sind neben Kohlenstoffatomen die Elemente Wasserstoff und Sauerstoff wie im Wasser im Verhältnis 2:1 enthalten. Dies entspricht der allgemeinen Formel $C_m(H_2O)_n$.
Ausnahmen bilden die Desoxyzucker, z.b. die in Nucleinsäuren gebundene Desoxyribose, $C_5H_{10}O_4$.

20.1.1 Einteilung nach Zahl der Kohlenhydrat-Reste
- **Monosaccharide** (Einfachzucker) lassen sich nicht in einfachere Kohlenhydrate zerlegen.
- **Oligosaccharide** (Mehrfachzucker) lassen sich in wenige (gleiche oder verschiedene) Monosaccharidmoleküle zerlegen; sie bauen sich also aus mehreren Monosaccharidresten auf. Am wichtigsten sind **Disaccharide** (Zweifachzucker) aus zwei Monosaccharidresten; ferner existieren **Trisaccharide** usw.
- **Polysaccharide** (Vielfachzucker) lassen sich in viele (Größenordnung 100 bis mehrere 1000) Monosaccharidmoleküle zerlegen. Sie bauen sich also aus vielen Monosaccharidresten auf.

Die Zerlegung der Oligo- und Polysaccharide in Monosaccharide erfolgt unter Wasseraufnahme (Hydrolyse), z.B. beim Kochen mit verdünnten Säuren. Der Aufbau der Oligo- und Polysaccharide aus Monosacchariden erfolgt demnach unter Wasserabspaltung (Kondensation).

20.1.2 Einteilung nach funktionellen Gruppen
Die Kohlenhydrate enthalten Hydroxylgruppen und eine damit benachbarte Aldehyd- oder Ketogruppe.
- **Aldosen** enthalten eine Aldehydgruppe;
- **Ketosen** enthalten eine Ketogruppe.

Die Aldehyd- und Ketogruppen treten nur in der Kettenform unverändert auf.

Die Aldosen reduzieren wie andere Aldehyde Fehlingsche Lösung und ammoniakalische Silbersalzlosung.

20.1.3 Einteilung nach der Anzahl der Sauerstoffatome
- **Pentosen** enthalten fünf O-Atome; Formel $C_5H_{10}O_5$.
- **Hexosen** enthalten sechs O-Atome; Formel $C_6H_{12}O_6$.
- Außerdem existieren **Triosen** (3 O-Atome), **Tetrosen** (4 O-Atome), **Heptosen** (7 O-Atome) usw.

Je nachdem, ob Aldosen oder Ketosen vorliegen, unterscheidet man Aldopentosen, Aldohexosen., Ketohexosen usw.

20.1.4 Optische Aktivität
Infolge der Anwesenheit asymmetrischer C-Atome sind die Monosaccharide optisch aktiv. Je nach der Stellung der OH-Gruppe am vorletzten C-Atom unterscheidet man D- und L-Verbindungen.

20.2 Pentosen

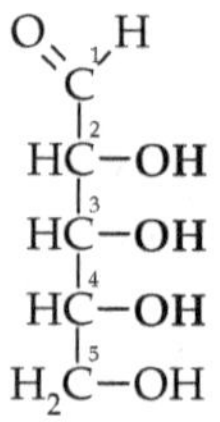

$$\begin{array}{c}
O\diagdown\diagup H \\
C \\
| \\
H\overset{|}{C}-OH \\
| \\
H\overset{|}{C}-OH \quad \text{D-Ribose}\\
| \\
H\overset{|}{C}-OH \\
| \\
H_2\overset{|}{C}-OH
\end{array}$$

Pentosen kommen in der Natur nicht frei, sondern nur als Bausteine von Oligo- und Polysacchariden vor, z.B. in Holz. Als Proteide (Verbindungen mit Eiweißstoffen) finden sie sich auch in der Leber und der Bauchspeicheldrüse des tierischen Körpers.

20.3 Hexosen
Hexosen kommen in der Natur sowohl frei als auch in Oligo- und Polysacchariden gebunden vor. Auch als Glycoside (Verbindungen zwischen Kohlenhydraten und anderen Stoffklassen, z.B. Eiweiß) finden sie sich.

Naturstoffe

20.3.1 D-Glucose

D-Glucose (Traubenzucker) das häufigste Monosaccharid, ist eine **Aldohexose**. Sie kommt frei in vielen Früchten, im Blut (Blutzucker) und chemisch gebunden in der Saccharose, Maltose, Lactose, Cellulose, Stärke und vielen anderen Kohlenhydraten vor.

$$\begin{array}{c}
\text{O} \diagdown \diagup \text{H} \\
\text{C} \\
| _2 \\
\text{HC}-\text{OH} \\
| _3 \\
\text{HO}-\text{CH} \\
| _4 \\
\text{HC}-\text{OH} \\
| _5 \\
\text{HC}-\text{OH} \\
| _6 \\
\text{H}_2\text{C}-\text{OH}
\end{array}$$ D-Glucose

20.3.2 D-Mannose

$$\begin{array}{c}
\text{O} \diagdown \diagup \text{H} \\
\text{C} \\
| _2 \\
\text{HO}-\text{CH} \\
| _3 \\
\text{HO}-\text{CH} \\
| _4 \\
\text{HC}-\text{OH} \\
| _5 \\
\text{HC}-\text{OH} \\
| _6 \\
\text{H}_2\text{C}-\text{OH}
\end{array}$$ D-Mannose

20.3.3 D-Galactose

D-Galactose kommt als Baustein des Disaccharids Lactose (Milchzucker) vor.

$$\begin{array}{c}
\text{O} \diagdown \diagup \text{H} \\
\text{C} \\
| _2 \\
\text{HC}-\text{OH} \\
| _3 \\
\text{HO}-\text{CH} \\
| _4 \\
\text{HO}-\text{CH} \\
| _5 \\
\text{HC}-\text{OH} \\
| _6 \\
\text{H}_2\text{C}-\text{OH}
\end{array}$$ D-Galactose

20.3.4 D-Fructose

D-Fructose ist eine Ketohexose. Sie kommt frei in vielen Früchten und im Honig, gebunden im Disaccharid Saccharose (Rohr-, Rübenzucker) und im Polysaccharid Inulin vor. Sie reduziert, obwohl sie eine Ketogruppe enthält, Fehlingsche Lösung, da Keto-Enol-Tautomerie auftritt.

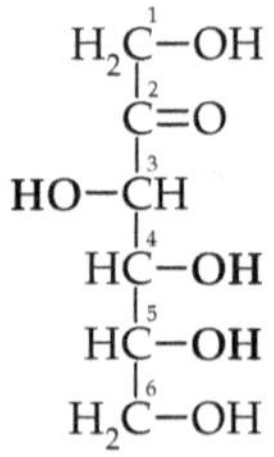

$$\begin{array}{l} H_2\overset{1}{C}-OH \\ \overset{2}{C}=O \\ HO-\overset{3}{C}H \\ H\overset{4}{C}-OH \\ H\overset{5}{C}-OH \\ H_2\overset{6}{C}-OH \end{array} \quad \text{D-Fructose}$$

20.4 Ringformeln (Haworth-Formeln)

Infolge einer **intramolekularen Verknüpfung** zwischen der Aldehyd- bzw. Ketogruppe und einer Hydroxylgruppe entsteht ein Ringsystem. Dabei werden die H-Atome und OH-Gruppen so angeordnet, dass man ihre Stellung unter dem Ring erkennen kann. Wegen der Übersicht werden die C-Atome im Ring weggelassen. Kohlenhydrate mit Sechsring-Konfiguration nennt man Pyranosen, mit Fünfring-Konfiguration Furanosen, da sie das Ringsystem des Pyrans bzw. Furans enthalten.

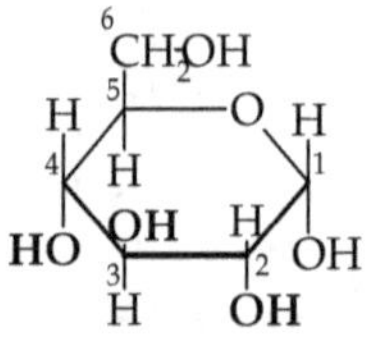

D-Glucopyranose 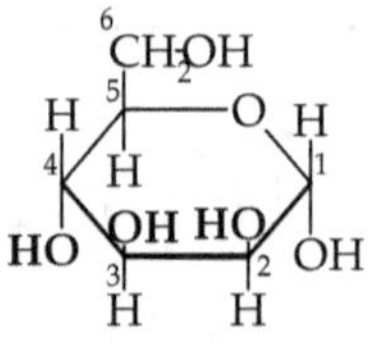   D-Mannopyranose

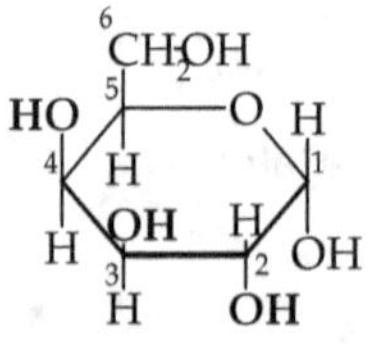

D-Galaktopyranose 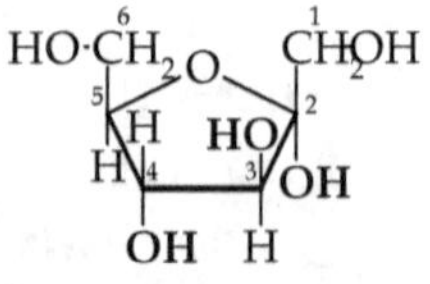   D-Fructofuranose

Eine weitere Besonderheit ist eine Stereoisomerie durch verschiedene Stellung der durch den Ringschluss entstandenen OH-Gruppe am C-Atom (1).

α-Form   β-Form

Die beiden D-Zucker zeigen Unterschiede der Löslichkeit, des Schmelzpunkts und der optischen Drehung. Sie sind keine Enantiomere (optischen Antipoden), sondern Diastereomere.

20.5 Disaccharide

Disaccharide bauen sich unter Wasserabspaltung aus zwei Monosaccharidmolekülen auf:

z.B. $C_6H_{12}O_6 + C_6H_{12}O_6 \rightarrow C_{12}H_{22}O_{11} + H_2O$

Die Verknüpfung erfolgt entweder zwischen den aus den Carbonylgruppen durch Ringschluss entstandenen OH-Gruppen (Halbacetal bzw. Halbketal) oder aus einer solchen Gruppe und einer alkoholischen Hydroxylgruppe. Im ersten Fall (**1-1-Verknüpfung**) gehen die reduzierenden Eigenschaften verloren, im zweiten Fall (**1-4-Verknüpfung**) nicht.

Verbindungen der Kohlenhydrate mit anderen Molekülen, an denen die durch Ringschluss entstandene OH-Gruppe beteiligt ist, heißen Glycoside. Auch die Disaccharide enthalten folglich die **Glycosidbindung**.

20.5.1 Saccharose

Saccharose (Rohrzucker, Rübenzucker) baut sich aus a-D-Glucose und ß-D-Fructose auf:

```
        CH₂OH
    H  /—O  H        CH₂OH
      /    \        /—O  H
  HO \OH  H/—O—\H  HO/
      \   /      \    \CH₂OH
       H  OH      OH  H

   α-D-Glucopyranose   β-Fructofuranose
                  \   /
                   ▼
                Saccharose
```

Da durch die glycosidische Verknüpfung der beiden Monosaccharide keine Carbonylgruppen mehr in dem Molekül vorhanden sind, wird Fehlingsche Lösung nicht reduziert. Erst nach der Spaltung (Inversion) tritt dies wieder ein.

20.5.2 Lactose

Lactose (Milchzucker) baut sich auf gemäß

β-D-Galactose + β-D-Glucose → Lactose + H_2O

```
       H   OH           CH₂OH
    H /—   \ H       H /—O  OH
     / OH  H \        /  H
  HO \H    /—O—\ \OH H/
      \—O—/        \  /H
       CH₂OH        H  OH

   β-D-Galaktopyranose   β-D-Glucopyranose
                   \   /
                    ▼
                 Lactose
```

Hier ist die Carbonylgruppe als Acetalgruppe noch erhalten geblieben; deshalb zeigt die Lactose die üblichen Zuckerreaktionen. Das C1-Atom der Glucose ist nicht mit einem anderen Molekül verknüpft.

20.5.3 Maltose

Maltose (Malzzucker) baut sich auf gemäß

2α-D-Glucose → Maltose + H_2O

```
         CH₂OH              CH₂OH
       H────O  H           H────O  H
       H                   H
    HO  OH  H      O       OH  H
                                    OH
       H   OH             H   OH

    α-D-Glucopyranose    α-D-Glucopyranose
                  \      /
                   Maltose
```

Die Aldehydreaktionen sind wie bei der Lactose positiv (reduzierender Zucker).

20.6 Polysaccharide

Die wichtigsten Polysaccharide sind Stärke, Glycogen und Cellulose.

20.6.1 Stärke

Das Stärkekorn ist keine einheitliche Substanz. Seine Hülle besteht aus **Amylopektin**, einem Glucosid der Phosphorsäure, das Innere aus **Amylose**, einem aus Glucoseresten aufgebauten Polysaccharid (600-1800 Glucosemoleküle) der Formel $(C_6H_{10}O_5)_x$. Im Gegensatz zur Cellulose sind bei der Amylose α-**Glucosemoleküle** (wie sie auch in der Maltose vorliegen) miteinander verknüpft.

20.6.2 Glycogen

Glycogen ist tierische Stärke, die in Leber und Muskeln gespeichert wird. Sie baut sich wie pflanzliche Stärke aus Glucoseresten auf. Die Ketten sind jedoch stärker verzweigt (α-**1-6-Verknüpfung**).

20.6.3 Cellulose

Cellulose ist der Hauptbestandteil der pflanzlichen Gerüstsubstanz, z.B. des Holzes; sie kommt rein in Baumwollsamen vor.

Cellulose ist im Gegensatz zu Amylose aus β-**Glucose**bausteinen aufgebaut; sie lässt sich jedoch wesentlich schwieriger hydrolytisch abbauen. Der Abbau erfolgt über das Disaccharid Cellobiose.

20.7 Aminosäuren (AS)

Die Aminosäuren, enthalten außer der **Carboxylgruppe** eine weitere funktionelle Gruppe, die **Aminogruppe** ($-NH_2$). In der Natur bilden die Aminosäuren die Bausteine der Eiweiße. Diese natürlichen Aminosäuren (es gibt 20 verschiedene) haben die Aminogruppe am α-ständigen C-Atom, bezogen auf die Carboxylgruppe. Man nennt sie α-Aminosäuren. Sie unterscheiden sich nur durch ihre organischen Reste.

Aminosäuren haben wegen ihrer beiden gegensätzlich wirkenden funktionellen Gruppen besondere Eigenschaften.

- Die Aminogruppe reagiert **basisch**, d.h. sie zieht Protonen (H^+) an und bindet sie mit ihrem freien Elektronenpaar.
- Die Carboxylgruppe reagiert **sauer**; d.h. sie spaltet leicht ihr Proton ab.

Diese beiden Reaktionen finden bei den Aminosäuren in wässriger Lösung innerhalb des gleichen Moleküls statt. Man nennt das einen intramolekularen Protonenaustausch. Das Ergebnis ist ein Molekül, das zwei verschiedene Ladungen trägt. Man nennt diese Verbindungen **Zwitterionen**.

$$H_2N-CH_2-C\underset{OH}{\overset{O}{\diagup\!\!\!\diagdown}} \rightleftharpoons H_3\overset{+}{N}-CH_2-C\underset{O^-}{\overset{O}{\diagup\!\!\!\diagdown}}$$

Zwitterionen verhalten sich in Lösungen wie echte Dipole. Legt man ein elektrisches Feld (Gleichspannung) an eine wässrige Lösung von Zwitterionen, dann richten sich die Moleküle zwar nach dem Feld aus, aber wandern nicht, wie es für einfach geladene Ionen üblich ist.

Unter dem **Isoelektrischen Punkt** versteht man den pH-Wert einer Lösung, bei dem eine bestimmte Aminosäure beim Anlegen eines elektrischen Feldes gerade nicht wandert (liegt als Zwitterion vor).

Der pH-Wert am isoelektrischen Punkt lässt sich als Mittelwert aus den pKs-Werten der Säuregruppe und der Aminogruppe berechnen. Bei sauren bzw. basischen Aminosäuren wird zur Berechnung des isoelektrischen Punkts der Mittelwert aus den beiden höchsten pKs-Werten (bei basischen Aminosäuren) oder aus den beiden niedrigsten pKs-Werten (bei sauren Aminosäuren) gebildet.

Aminosäuren werden, wie die jeweils zu Grunde liegende Carbonsäuren benannt, wobei die Vorsilbe die Bezeichnung "α-Amino-" trägt. Allerdings sind die Aminosäuren unter ihren Trivialnamen viel bekannter. Ihre Abkürzung als Dreibuchstabensymbol hat in der Biochemie internationale Anerkennung erfahren.

Naturstoffe

20.7.1 AS mit unpolaren Substituenten

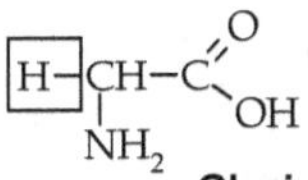

Glycin [Gly]

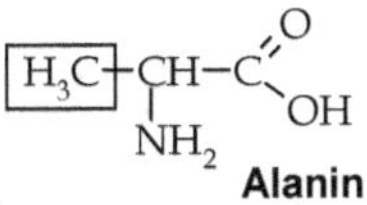

Alanin [Ala]

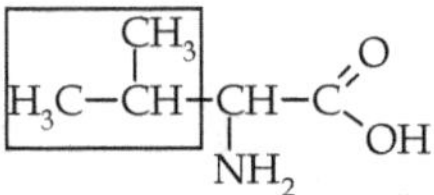

Valin [Val]

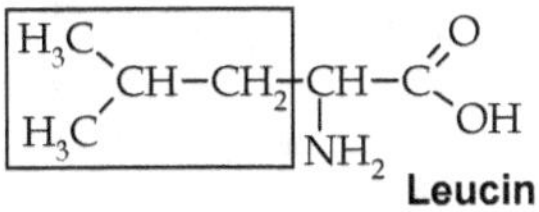

Leucin [Leu]

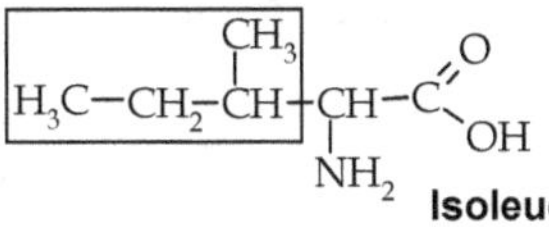

Isoleucin [Ile]

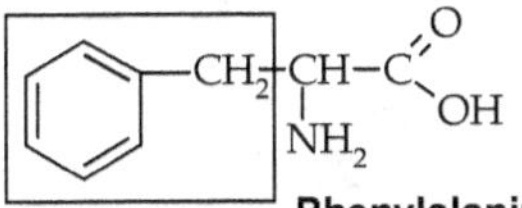

Phenylalanin [Phe]

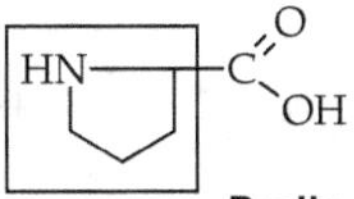

Prolin [Pro]

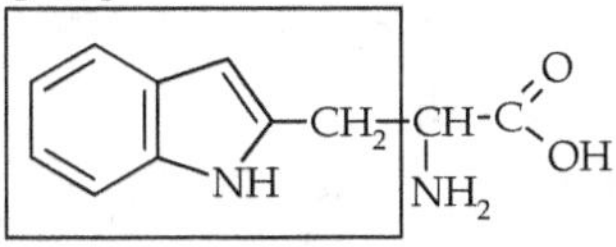

Tryptophan [Trp]

20.7.2 AS mit polaren Substituenten

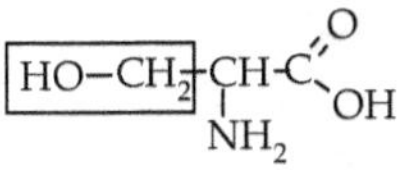

Serin [Ser]

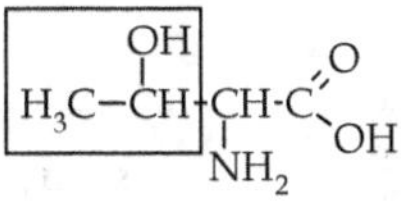

Threonin [Thr]

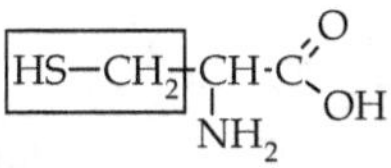

Cystein [Cys]

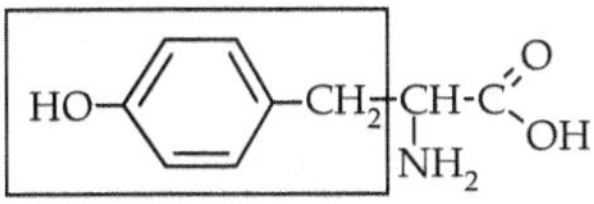

Tyrosin [Tyr]

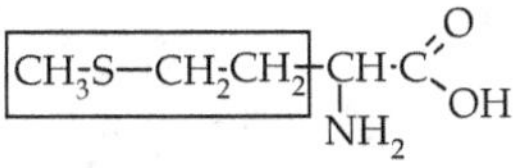

Methionin [Met]

147

20.7.3 AS mit von Carbonsäuren abgeleiteten Subtituenten

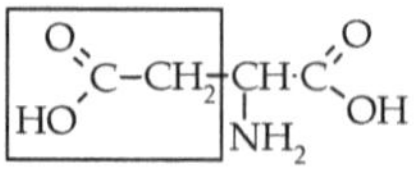

Asparaginsäure [Asp]

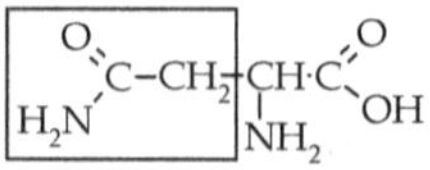

Asparagin [Asn]

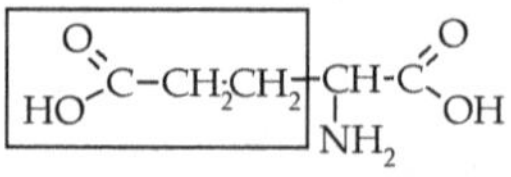

Glutaminsäure [Glu]

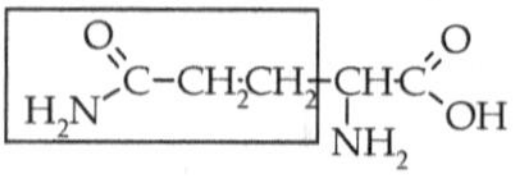

Glutamin [Gln]

20.7.4 AS mit basischen Substituenten

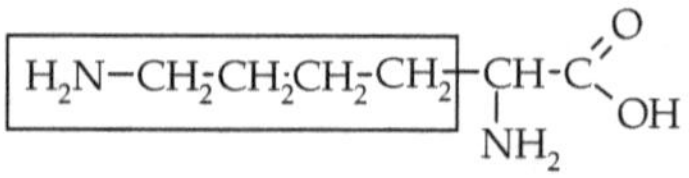

Lysin [Lys]

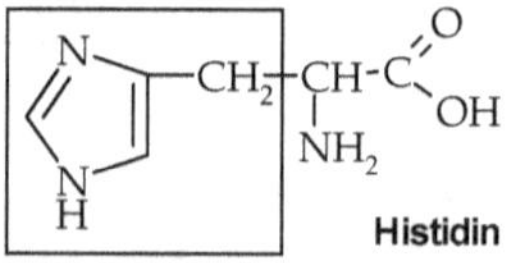

Histidin [His]

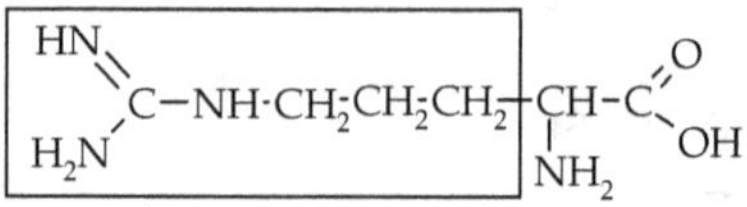

Arginin [Arg]

Aminosäuren reagieren mit Säuren, so dass ihre Aminogruppe ein Säureproton aufnimmt, wobei ein positiv geladenes Ammoniumion entsteht.

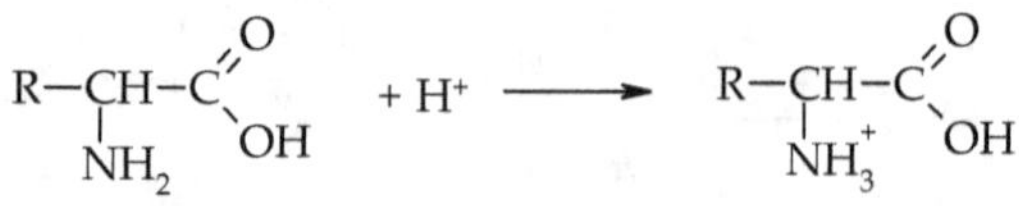

$$R-CH(NH_2)-COOH + H^+ \longrightarrow R-CH(NH_3^+)-COOH$$

Naturstoffe

Bei der Reaktion mit Basen spaltet die Carboxylgruppe das Proton ab, wobei ein Salz und Wasser entsteht.

$$R-\underset{NH_2}{CH}-C\underset{OH}{\overset{O}{\diagup}} + OH^- \longrightarrow R-\underset{NH_2}{CH}-C\underset{O^-}{\overset{O}{\diagup}} + H_2O$$

20.7.5 Peptidbindung

Zwei Aminosäuren reagieren so miteinander, dass die Aminogruppe der einen Aminosäure und die Carboxylgruppe der zweiten Aminosäure unter Wasserabspaltung eine neue Bindung, die Peptidbindung, herstellen.

$$H_2N-\underset{R}{CH}-C\underset{OH}{\overset{O}{\diagup}} + H-\underset{H}{\overset{|}{N}}-\underset{R}{CH}-C\underset{OH}{\overset{O}{\diagup}} \xrightarrow{-H_2O} H_2N-\underset{R}{CH}-C\underset{\underset{H}{\overset{|}{N}}-\underset{R}{CH}-C\underset{OH}{\overset{O}{\diagup}}}{\overset{O}{\diagup}}$$

Aminosäure   **Aminosäure**   **Dipeptid**

Auf diese Weise lassen sich viele Aminosäuren zu einem Makromolekül miteinander verbinden. Dieses Makromolekül nennt man Polypeptid oder **Protein**.

20.8 Fette

Fette spielen in unserer Ernährung eine wichtige Rolle. Je nach Konsistenz unterscheidet man **feste** und **flüssige Fette**. Nach ihrer Herkunft kann man tierische von pflanzlichen Fetten unterscheiden.

Ihr chemischer Aufbau ist aber in allen Fällen stets der gleiche, da es sich bei den Fetten stets um Ester handelt. Fette bilden allerdings einen Sonderfall innerhalb der Ester, da der veresterte Alkohol immer **Glycerin** ist. Die mit Glycerin veresterten Carbonsäuren sind langkettig. Langkettige Carbonsäuren nennt man daher **Fettsäuren**.

Die in Fetten am häufigsten angetroffenen Fettsäuren sind die Palmitinsäure, die Stearinsäure und die Ölsäure. Letztere ist besonders häufig in Ölen enthalten.

Palmitinsäure
$C_{15}H_{31}COOH$

Stearinsäure
$C_{17}H_{35}COOH$

Ölsäure (cis)
$C_{17}H_{33}COOH$

Da ein Glycerinmolekül drei Fettsäuren binden kann, bezeichnet man die Fette auch als **Triglyceride**. Natürliche Fette sind stets aus verschiedenen Fettsäuren aufgebaut. Auch ein Triglycerid enthält nie drei gleiche Fettsäuren. Somit hängt die Mannigfaltigkeit der Fette von den unterschiedlichen Mengenverhältnissen der Fettsäuren in den entsprechenden Fetten ab. Feste Fette enthalten mehr Palmitin- und Stearinsäure, flüssige Fette mehr Ölsäure bzw. mehrfach ungesättigte Fettsäuren. Diese ungesättigten Fettsäuren sind für unseren Stoffwechsel notwendig, da sie zum Aufbau von Vitaminen und Hormonen benötig werden, vom menschlichen Organismus aber nicht hergestellt werden können. Natürliche Fettsäuren enthalten stets geradzahlige Kohlenstoffketten, da sie im Stoffwechsel der Pflanzen und Tiere aus C2-Körpern aufgebaut werden.

Fette werden nach den Nomenklaturregeln der **Ester** benannt, wobei zuerst der Name des Alkohols, dann die Namen der Fettsäuren folgen, wobei die letzte Fettsäure die Schlusssilbe "-at" trägt.

Ein Triglycerid, das aus Stearinsäure, Palmitinsäure und Ölsäure aufgebaut ist, wird demnach als Glycerin-palmito-oleo-stearat bezeichnet. Da man aber bei chemischen Synthesen meist von Triglyceriden mit drei gleichen Fettsäuren ausgeht, vereinfacht sich daher auch deren Nomenklatur, z.B. Glycerintripalmitat usw.

Naturstoffe

$$H_2C-O-C\overset{O}{\underset{}{{-}}}(CH_2)_{14}CH_3$$
$$HC-O-C\overset{O}{\underset{}{{-}}}(CH_2)_{16}CH_3$$
$$H_2C-O-C\overset{O}{\underset{}{{-}}}(CH_2)_7-\underset{H}{C}=\underset{H}{C}-(CH_2)_7-CH_3$$

Glycerinester der Palmitin-, Stearin- und Ölsäure

Methoden zur Analyse von Fetten sind die Bestimmung der **Jodzahl** und der **Verseifungszahl**.

- Mit der Jodzahl lässt sich das Vorhandensein von Doppelbindungen und deren Anzahl bestimmen.
- Mit der Verseifungszahl bestimmt man den Grad der Veresterung des Glycerins oder beim bekannten Grad das Molekulargewicht.

20.9 Übungsaufgaben

1. Nennen Sie grundlegende Unterschiede zwischen Glucose und Fructose.
2. Welche Substituenten des Rings stehen bei der β-Glucose in axialer und welche in äquatorialer Position?
3. Wie viele asymmetrische C-Atome hat die β-Glucose?
4. Handelt es sich bei α- und β-Glucose um ein Enantiomerenpaar?
5. Welche Disaccharide gehören zu den reduzierenden Zuckern?
6. Saccharoselösung zeigt die typischen Reaktionen der reduzierenden Zuckern nicht. Ergibt sich in dieser Hinsicht eine Veränderung, wenn Saccharoselösung mit einer starken anorganischen Säure gekocht wird? Begründen Sie Ihre Antwort.
7. Skizzieren Sie die α-1,6-glucosidische Bindung zwischen zwei Glucosenmolekülen.
8. Wie viele Halbacetalgruppen haben die verschiedenen Stärkemoleküle?
9. Beschreiben Sie das Zustandekommen eines Zwitterions am Beispiel des Alanins.
10. Welche Aminosäuren gehören zu den "sauren" und welche zu den "basischen"?
11. Warum ist beim Zwitterion des Lysins die Aminogruppe des Restes protoniert und nicht die α-Aminogruppe?

Kapitel 20

12. Welche Aminosäuren enthalten aromatische Ringsysteme?

13. Welche Aminosäuren sind Hydroxyaminosäuren und zu welchen Kraftwirkungen sind ihre Reste fähig?

14. Welche Aminosäuren haben Reste, die nur Van der Waalsche Kräfte ausüben können?

15. Beschreiben Sie das Zustandekommen einer Peptidbindung. Verwenden Sie dabei die Aminosäuren Glycin und Serin.

16. Welche isomeren Dipeptide entstehen bei der Reaktion von Alanin und Leucin?

17. Zeichnen Sie das nachstehend abgekürzt angegebene Tetrapeptid beim Isoelektrischen Punkt:
^+H_3N-Val-Ser-Cys-Phe-COO$^-$

18. Zwei Cysteinmoleküle können unter Bildung einer Disulfidbrücke mit einander reagieren. Zeichnen Sie das Reaktionsprodukt.

19. Welche Konfiguration (cis oder trans) tritt bei den natürlichen ungesättigten Fettsäuren auf?

20. Die trans-Konfiguration der Ölsäure heißt Elaidinsäure. Zeichnen Sie die Strukturformel.

21. Formulieren Sie die Reaktionsgleichung zur Hydrierung von Linolensäure.

22. Geben Sie die Strukturformel des Glycerids an, das je ein Molekül Ölsäure, Linolsäure und Linolensäure enthält.

Kapitel 21
Lösungen der Aufgaben

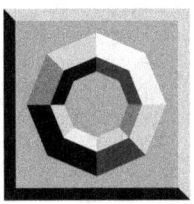

21.1 Zum Kapitel 1

1. Im Kern befinden sich Protonen und Neutronen. In der Atomhülle befinden sich die Elektronen.
   Neutron: elektr. neutral
   Proton: elektr. einfach positiv geladen
   Elektron einfach neg. geladen.
2. F: 10 Neutronen, Ar: 22 Neutronen, Fe: 30 Neutronen, Au: 118 Neutronen, Cl: 18 Neutronen.
3. (E)
4. (D)
5. Die Elemente einer Gruppe haben dieselbe Anzahl von Valenzelektronen und reagieren chemisch ähnlich. Sie haben aber unterschiedlich viel Elektronenschalen.
   Die Elemente einer Periode reagieren chemisch unterschiedlich, haben aber die gleiche Schalenzahl.
6. (A)
7. (B)

21.2 Zum Kapitel 2

1. $K \rightarrow K^+ + 1e$
   $Al \rightarrow Al^{3+} + 3e$
   $S + 2e \rightarrow S^{2-}$
   $Br + 1e \rightarrow Br^-$
   $Ca \rightarrow Ca^{2+} + 2e$

2. a) CaF_2
   b) $MgBr_2$
   c) keine Ionenbindung
   d) FeO
   e) Cu_2O
   f) $AgCl$
   g) Na_2S

3. Calciumchlorid, Kupfer(II)-sulfat, Kupfer(I)-oxid, Aluminiumhydroxid, Kaliumnitrat, Aluminiumoxid, Silbernitrat, Kaliumphosphat, Kaliumchromat, Eisen(II)-oxid, Bleiacetat, Ammoniumdichromat, Calciumfluorid, Eisen(III)-oxid, Kupferoxid, Kaliumhexacyanoferrat(II), Calciumhydrogenphosphat.

4. a) K
   b) Br^-
   c) P
   d) Na
   e) Mg
   f) S^{2-}
   g) Cl^-
   h) Pb^{2+}

5. Ionenbindungen: b, c, e, h, i.
   Atombindungen: die restlichen.

6. (B)

7. C-C, C-H, C-Cl, C-O

8. H_2-Moleküle haben nur ein gemeinsames (bindendes) Elektronenpaar. In Br_2-Molekülen liegen neben einem bindenden Elektronenpaar 6 freie (je 3 pro Br-Atom).

9. H_2O - 2 bindende und 2 freie Elektronenpaare,
   CH_4 - nur 4 bindende Elektronenpaare,
   NH_3 - 3 bindende und 1 freies Elektronenpaare.

10. NaCl

11. (C)

12. a) Natriumpentacyanonitritoferrat(II)
    b) Natriumpentacyanosulfitoferrat(II).

13. $[Pt(NH_3)_2Cl_2]$

14. Nein.

15. 4

21.3 Zum Kapitel 3

1. 98; 36,5; 58,5; 142; 46; 303; 40

2. (A)

3. 342 g

4. a) 0,1 mol
   b) 0,156 mol
   c) 0,39 mol

Lösungen der Aufgaben

5. a) 5 mol; $3{,}01 \cdot 10^{24}$ Moleküle
   b) 0,556 mol; $3{,}35 \cdot 10^{23}$ Moleküle
   c) 0,588 mol ; $3{,}54 \cdot 10^{23}$ Moleküle
   d) 0,625 mol; $3{,}76 \cdot 10^{23}$ Moleküle

6. a) 17 g
   b) 1 mol H, 0,5 mol S
   c) 1 g H, 16 g S
   d) $3{,}01 \cdot 10^{23}$ Moleküle

7. a) 100 mol Fe, 200 mol S
   b) 0,83 mol Fe, 1,67 mol S
   c) 53,5 g S

8. 160 g $CuSO_4$;
   2 mol H_2O;
   44,8 l

9. $FeSO_4$

10. 28 g/mol

11. 64 g/mol

12. 2,8 l

13. 12 l

14. 32 g/mol, O_2

15. $3{,}93 \cdot 10^{22}$ Moleküle

21.4 Zum Kapitel 4

1. 0,515 g Cu

2. 9,27%

3. 12,5 g $CaCl_2$

4. 0,71 g $MgCl_2$

5. a) 0,64 mol/l
   b) 0,65 mol/kg

6. 39 ml

7. 0,113 mol/l Na^+

8. 2,32 mol/l

21.5 Zum Kapitel 5

1. 2,24 l H_2

2. $Al_2O_3 + 3H_2 \rightarrow 2Al + 3H_2O$

3. $CO_2 + Ca(OH)_2 \rightarrow CaCO_3 \downarrow + H_2O$

4. Beim Einleiten von NH_3 in Wasser wird ein Proton aus dem Wasser an den Ammoniak angelagert:
   $NH_3 + H_2O \rightarrow NH_4^+ + OH^-$

5. (B)

6. a) $Ca_3(PO_4)_2 + 3H_2SO_4 \rightarrow 2H_3PO_4 + 3CaSO_4$
   $Ca_3(PO_4)_2 + 2H_2SO_4 \rightarrow Ca(H_2PO_4)_2 + 2CaSO_4$
   b) für die erste Reaktion: 0,948 kg H_2SO_4
   für die zweite Reaktion: 0,632 kg H_2SO_4

7. a) $XO_3 + 3H_2 \rightarrow X + 3H_2O$
   b) 144 g XO_3
   c) $A(X) = 96$

8. $4Fe + 3O_2 \rightarrow 2Fe_2O_3$
   143 g Fe_2O_3

21.6 Zum Kapitel 6

1. (A)
2. (B)
3. $\Delta G° = -390$ kJ/mol

21.7 Zum Kapitel 7

1. $K = [HCl]^2 / ([H_2] \cdot [Cl_2])$
   Da die Reaktion exotherm ist, verschiebt sich das Gleichgewicht mit steigender Temperatur nach links (in Richtung Edukte).
   Da während dieser Reaktion die Zahl der Gasteilchen unverändert bleibt, hat die Druckänderung keinen Einfluss auf die Gleichgewichtslage.

2. Hoher Druck, tiefe Temperatur.

3. 2,33 mg $BaSO_4$

4. (D)

5. (C)

6. (E)

7. $K = 5{,}76 \cdot 10^{-3}$ mol/l

8. $[H_2] = [CO_2] = 0{,}532$ mol/l
   $[H_2O] = [CO] = 0{,}468$ mol/l

21.8 Zum Kapitel 8

1. (A)
2. (A)

Lösungen der Aufgaben

3. H_3O^+, H_2SO_4, H_3PO_4, HCl, $H_2PO_4^-$, H_2O, NH_4^+, CH_3COOH.
4. OH^-, SO_4^{2-}, HPO_4^{2-}, PO_4^{3-}, O^{2-}, Cl^-, $H_2PO_4^-$, HSO_4^-.
5. $C(OH^-) = 10^{-7}$ mol/l
6. pH = 0,7
7. pH = 12,7
8. (D)
9. pH = 12
10. 5 Liter
11. $7,8 \cdot 10^{-2}$ mol/l
12. (B)
13. pH = 6,2
14. Beim Verdünnen eines Puffers ändert sich der pH-Wert nicht.
15. pH = 7,2
16. Gleich Stoffmenge (mol) der beiden Salze in Wasser auflösen.
17. 0,5 mol HCl
18. pH = 9,2
19. pH = 4,62

21.9 Zum Kapitel 9

1. $K^{+1}N^{+3}O^{-2}{}_2$, $H^{+1}Cl^{-1}$, $C^{+2}O^{-2}$, $K^{+1}Mn^{+7}O^{-2}{}_4$, $(N^{+5}O^{-2}{}_3)^-$, $(N^{-3}H^{+1}{}_4)^+$, $(S^{+4}O^{-2}{}_3)^{2-}$, $H^{+1}Cl^{+7}O^{-2}{}_4$, $H^{+1}Cl^{+1}O^{-2}$
2. (D)
3. Redoxreaktionen: (b), (c), (e)
4. (C)
5. (D)
6. s. 3(e)
   $Cu^0 \to Cu^{+2} + 2e$
   $(N^{+5}O_3)^- + e + 2H^+ \to N^{+4}O_2 + H_2O$
7. $Fe^{2+} \to Fe^{3+} + e$
   $MnO_4^- + 5e + 8H^+ \to Mn^{2+} + 4H_2O$
   $2KMnO_4 + 10FeSO_4 + 8H_2SO_4 \to 2MnSO_4 + 5Fe_2(SO_4)_3 + K_2SO_4 + 8H_2O$
8.
$$\Delta E = E°_1 - E°_2 - \frac{0,06}{5} lg \frac{[Mn^{II}] \cdot [Fe^{III}]^5}{[Mn^{VII}O_4] \cdot [Fe^{II}]^5 \cdot [H]^8}$$

9. (C)

10. Anode: negativer Pol, Elektrode mit Elektronenüberschuss;
Kathode: positiver Pol, Elektrode mit Elektrodenmangel.

11. Anode: $Fe \rightarrow Fe^{2+} + 2e$ (Oxidation)
Kathode: $Cu^{2+} + 2e \rightarrow Cu$ (Reduktion)
$Fe + Cu^{2+} \rightarrow Fe^{2+} + Cu$ (Redoxreaktion)

12. pH = 0 (NWE) und pH = 3,33

13. $C(Ag^+)_1 / C(Ag^+)_2 = 10^{-1,67}$

14. $K_L(AgCl) = 5,37 \cdot 10^{-10} \, mol^2/l^2$

15. a) $3Cu + 2NO_3^- + 8H^+ = 3Cu^{2+} + 2NO + 4H_2O$
b) $Cr_2O_7^{2-} + 6Cl^- + 14H^+ = 2Cr^{3+} + 3Cl_2 + 7H_2O$

21.10 Zum Kapitel 10

1. 20 mg Ca^{2+}

2. 63,9 mg Na_2SO_4

3. E = 0,29

21.11 Zum Kapitel 11

1. In der Zahl der -CH_2-, die man Methylengruppen nennt.

2. Chlormethan CH_3Cl, Dichlormethan CH_2Cl_2, Trichlormethan $CHCl_3$, Tetrachlormethan CCl_4.

3.

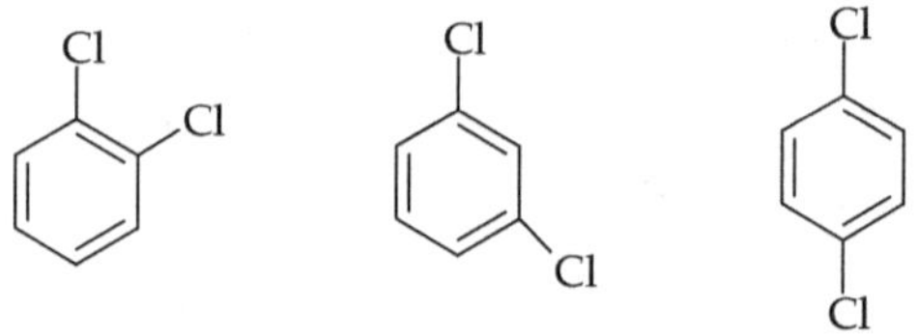

1,2-Dichlorbenzol   1,3-Dichlorbenzol   1,4-Dichlorbenzol
(ortho)   (meta)   (para)

4. 1-Phenyl-1-propen

5. a) Nonan
b) 2,5-Dimethylheptan
c) 2,2,3,3,4,4-Hexamethylpentan

6. a) trans-2,3-Dichlor-2-buten
b) 4,4-Dimethyl-2-penten
c) cis-1,2-Dibrompropen

7. m)

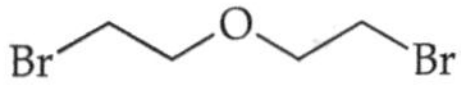

$$Br-CH_2-CH_2-O-CH_2-CH_2-Br$$

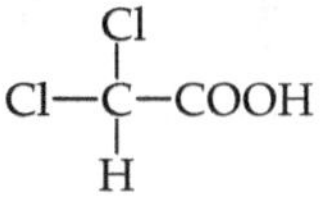

n)

$$Cl-\underset{\underset{H}{|}}{\overset{\overset{Cl}{|}}{C}}-COOH$$

o)

$$\underset{HOOC}{\overset{H_3C}{>}}HC-CH\underset{COOH}{\overset{CH_3}{<}}$$

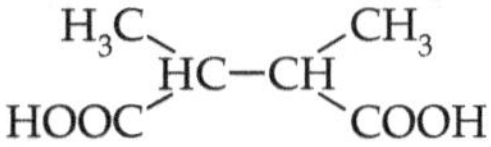

v)

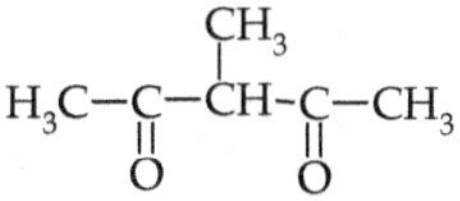

$$H_3C-\underset{\underset{O}{\|}}{C}-\underset{\underset{}{|}}{\overset{\overset{CH_3}{|}}{CH}}-\underset{\underset{O}{\|}}{C}-CH_3$$

x)

$$Cl-CH_2-C\underset{O-CH_2-C_6H_5}{\overset{\nearrow O}{\diagdown}}$$

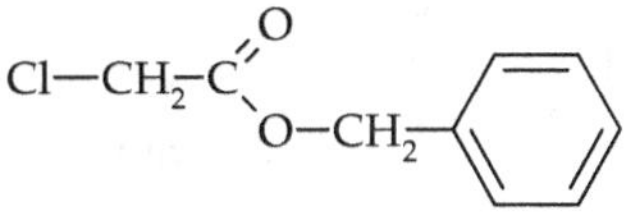

21.12 Zum Kapitel 12

1. Konstitutionsisomerie (Ketten-, Stellungsisomerie, Isomerie funktioneller Gruppen);
Konfigurationsisomerie (cis-trans-Isomerie, Enantiomerie); Konformationsisomerie.

2.
$$H_3C-CH_2-OH \qquad H_3C-O-CH_3$$

3. Nur ein einziges
$$H_3C-CH_2-F$$

4.

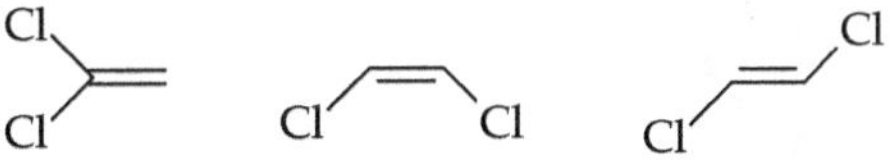

Kapitel 21

5.

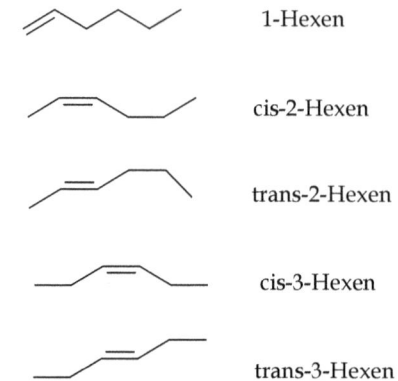

	1-Hexen
	cis-2-Hexen
	trans-2-Hexen
	cis-3-Hexen
	trans-3-Hexen

6.

$\underset{F}{\overset{F}{>}}$CH—CH$_2$—CH$_3$ 1,1-Difluorpropan

F—CH$_2$—CH$_2$—CH$_2$—F 1,3-Difluorpropan

CH$_3$—$\underset{F}{\overset{F}{C}}$—CH$_3$ 2,2-Difluorpropan

F—CH$_2$—$\underset{H}{\overset{F}{C^*}}$—CH$_3$ 1,2-Difluorpropan (2 Isomere, da chiral)

7.

a)

b)

c)

160

8.

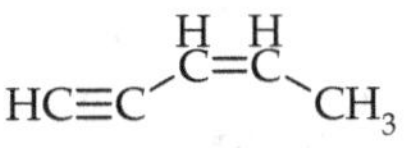

$HC\equiv C-\underset{\underset{\displaystyle}{}}{C}=\underset{\underset{\displaystyle}{}}{C}$ mit H, H, CH₃

cis-Penta-3-en-1-in 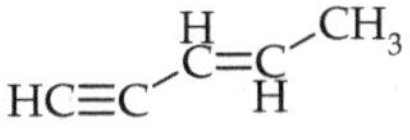   trans-Penta-3-en-1-in

9.

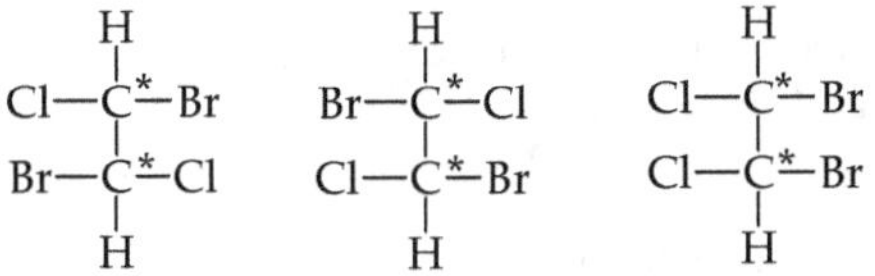

$Cl-\overset{H}{\underset{Br}{C^*}}-Br$ $Br-\overset{H}{\underset{H}{C^*}}-Cl$ $Cl-\overset{H}{\underset{H}{C^*}}-Br$

$Br-\overset{}{\underset{H}{C^*}}-Cl$ $Cl-\overset{}{\underset{H}{C^*}}-Br$ $Cl-\overset{}{\underset{H}{C^*}}-Br$

10. Konfigurationen sind fixierte räumliche Anordnungen. Konformationen hingegen sind durch Rotationen um Einfachbindungen ineinander überführbar.

11. (B)

12. (A)

13. (A)

14. (A)

15. (E)

21.13 Zum Kapitel 13

1. Phenylessigsäure ist stärker als Propionsäure.
2. Methylamin ist die etwas stärkere Base als Ammoniak, Anilin ist schwächer basisch als Ammoniak.
3. (3), (4), (2), (1), (5).
4. a) Chloressigsäure (-I-Effekt des Cl-Atoms)
   b) Ameisensäure (+I-Effekt der Methylgruppe)
   c) Phenol (+M-Effekt der Aminogruppe)
   d) p-Nitrophenol (-M-Effekt der Nitrogruppe)
5. a) Ethylamin
   b) Dimethylamin
   c) Propanamin
   d) Amin

21.14 Zum Kapitel 14

1. Elektrophil: "Elektronenliebendes" Teilchen (positiv geladene Ionen (inkl. Protonen), Teilchen mit Elektronenlücken)
   Nuclephil: "Kernliebendes" Teilchen (Anionen, Teilchen mit freien Elektronenpaaren).

2. Nucleophile: (c), (d)
   Elektrophile: die restlichen.

3. Es findet nucleophile Substitution statt:
   $CH_3Br + NaOH \rightarrow CH_3OH + NaBr$

4. (B)

5. trans-1,2-Dibromcyclohexan.

6. 2-Chlorpropan

7. Ethanol (C_2H_5OH)

8. 2-Amino-2-Methylbutan

9. $CH_2=CH-Cl$ (Chlorethen)
   CH_3-CHCl_2 (1,1-Dichlorethan)

10. a)

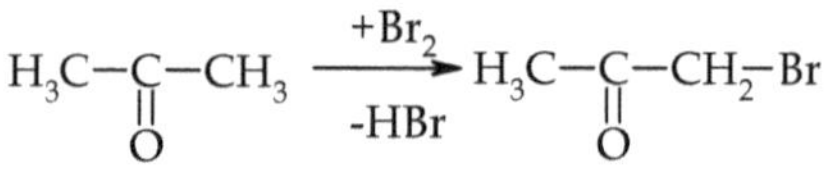

$$H_3C-\underset{\underset{O}{\|}}{C}-CH_3 \xrightarrow[-HBr]{+Br_2} H_3C-\underset{\underset{O}{\|}}{C}-CH_2-Br$$

b)

$$\text{C}_6\text{H}_6 \xrightarrow[-HBr]{+Br_2 \text{ (kt)}} \text{C}_6\text{H}_5-Br$$

c)

$$\text{CH}_3-(CH_2)_7-CH=CH-(CH_2)_7-COOH \xrightarrow{+Br_2} \text{CH}_3-(CH_2)_7-CHBr-CHBr-(CH_2)_7-COOH$$

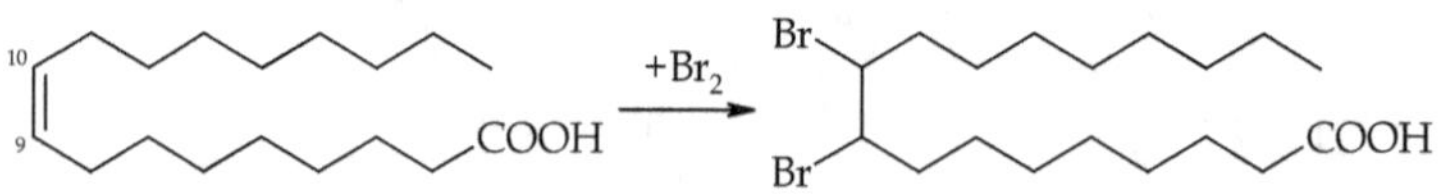

d)

$$2\,HOOC-\underset{\underset{NH_2}{|}}{CH}-CH_2-SH \xrightarrow[-2HBr]{+Br_2} HOOC-\underset{\underset{NH_2}{|}}{CH}-CH_2-S-S-CH_2-\underset{\underset{NH_2}{|}}{CH}-COOH$$

Cystein   Cystin

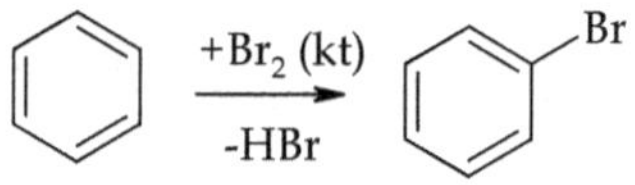

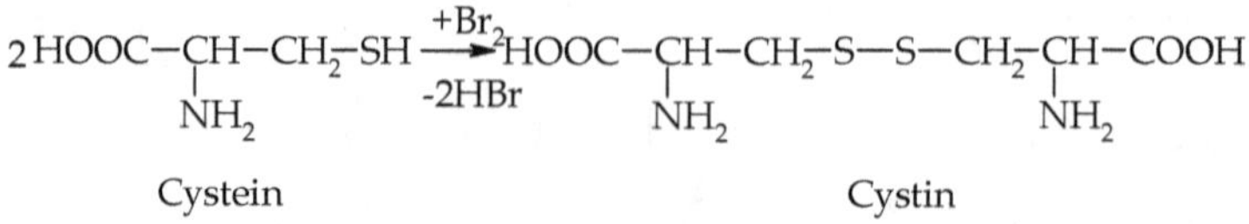

21.15 Zum Kapitel 15

1. (B)
2. (B)
3. (E)
4. (A)
5. Cycloalkene und Alkine (Acetylene).
6. a) 3-Pentanol (Alkohol)
   b) 2-Hexanon (Keton)
   c) Butanal (Aldehyd)
   d) Methoxyethan (Ether)
7. Aldehyd, Ether, Phenol.
8. (1) Carbonsäure
   (2) Säureanhydrid
   (3) Halogenalkan
   (4) Amid
   (5) Säurechlorid

21.16 Zum Kapitel 17

1.

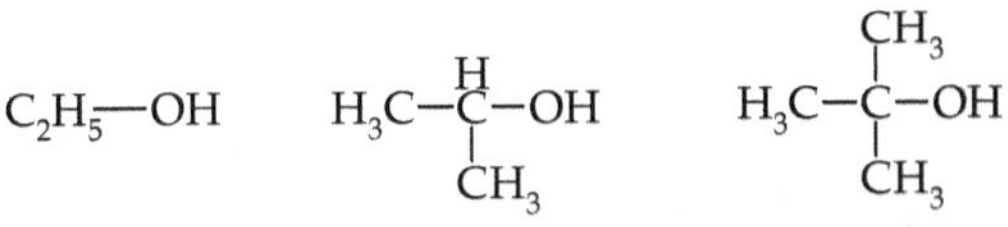

$$C_2H_5-OH \qquad H_3C-\underset{CH_3}{\overset{H}{\underset{|}{C}}}-OH \qquad H_3C-\underset{CH_3}{\overset{CH_3}{\underset{|}{C}}}-OH$$

Ethanol   2-Propanol   2-Methyl-2-propanol

2. Phenol als schwache Säure wird von der Natronlauge zum Phenolat deprotoniert. Dieses vermag als geladenes Teilchen stärkere Wechselwirkungen mit Wasser einzugehen (Ion-Dipol WW), als es Phenol lediglich mittels H-Brücken zu tun vermag.

3. Da Phenole etwas stärkere Säuren als Wasser sind, sind die Phenolationen etwas schwächere Basen als OH⁻-Ionen. Weil Alkohole etwas schwächere Säuren als Wasser sind, sind Alkoholationen stärker basisch als OH⁻-Ionen.

Kapitel 21

4.

(1) 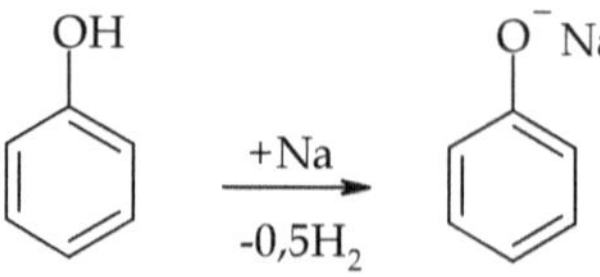 Phenol + Na → Natriumphenolat + 0,5 H$_2$

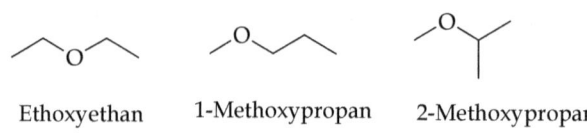

(2) Natriumphenolat + Cl-C$_4$H$_9$ → Phenylbutylether + NaCl

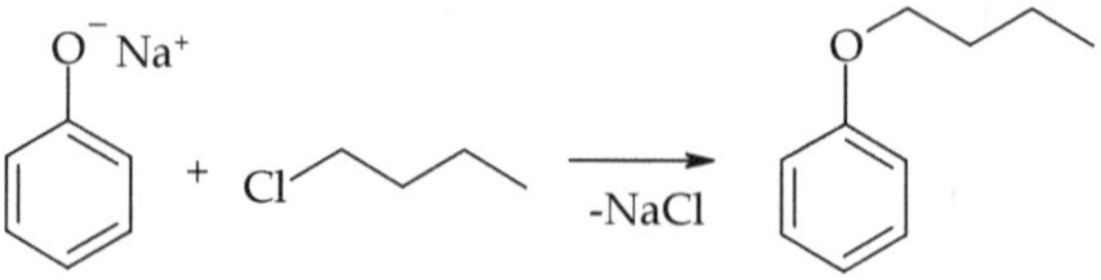

5. 2-Methyl-2-Propanol

6.

Ethoxyethan   1-Methoxypropan   2-Methoxypropan

7.

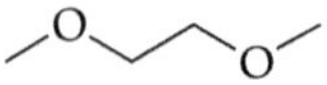

8.
a) 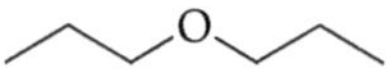
b) 
c)

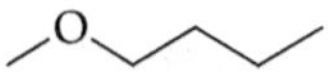

9. CH$_3$(CH$_2$)$_2$NH$_2$ 1-Aminopropan
CH$_3$CH(NH$_2$)CH$_3$ 2-Aminopropan
CH$_3$NHC$_2$H$_5$ Ethylmethylamin
(CH$_3$)$_3$N Trimethylamin

10. (D)

21.17 Zum Kapitel 18

1.

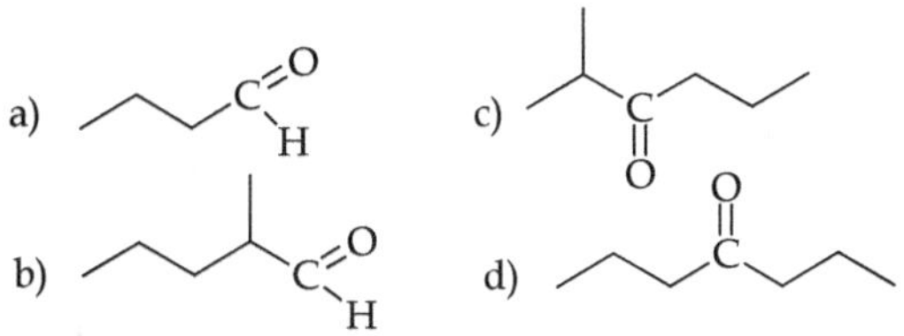

a) CH₃-CH₂-CH₂-C(=O)H

b) CH₃-CH₂-CH(CH₃)-C(=O)H

c) (CH₃)₂CH-C(=O)-CH₂-CH₂-CH₃

d) CH₃-CH₂-CH₂-C(=O)-CH₂-CH₃

2. $CH_3\text{-}C^{-1}H_2\text{-}OH \rightarrow CH_3\text{-}C^{+1}HO$
Oxidation: $C^{-1} -2e \rightarrow C^{+1}$

3. Halbacetal (weder Alkohol, noch Ether)

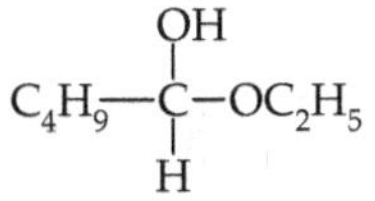

$$C_4H_9-\underset{H}{\overset{OH}{C}}-OC_2H_5$$

4. a) Aldehyde sind zu Carbonsäuren oxidierbar. Nachweis mit Indikatorpapier oder pH-Messung.
b) Nachweis mit Fehling-Lösung
c) Nachweis mit Tollens-Reagenz.

5.

Aldoladdition

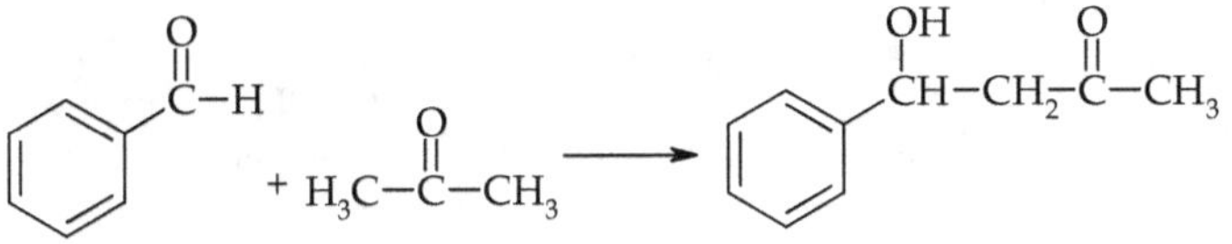

C₆H₅-C(=O)-H + H₃C-C(=O)-CH₃ ⟶ C₆H₅-CH(OH)-CH₂-C(=O)-CH₃

Aldolkondensation

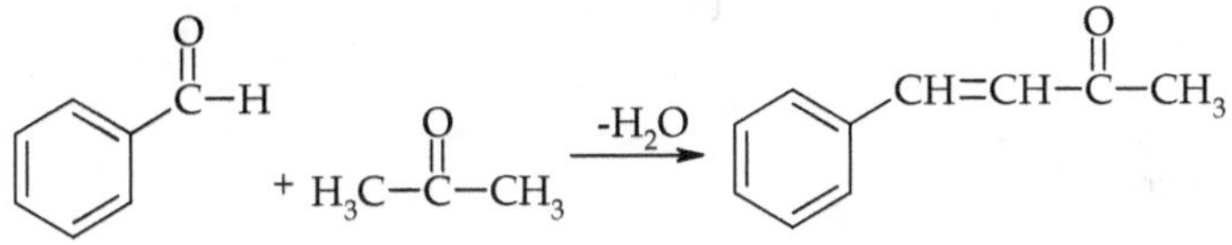

C₆H₅-C(=O)-H + H₃C-C(=O)-CH₃ —(-H₂O)→ C₆H₅-CH=CH-C(=O)-CH₃

6.

Cyclohexanon ⇌ Cyclohexenol

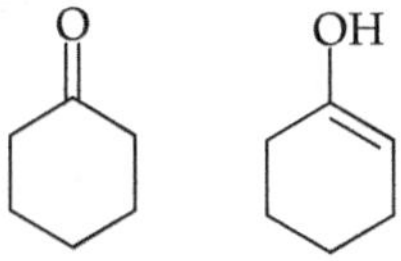

7. Die Enolform ist bei β-Dicarbonylverbindungen durch eine intramolekulare Wasserstoffbrücke und durch die Konjugation der C=C-Doppelbindung mit der Carbonylgruppe stabilisiert.

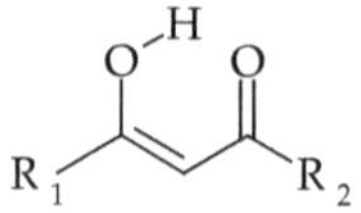

8.

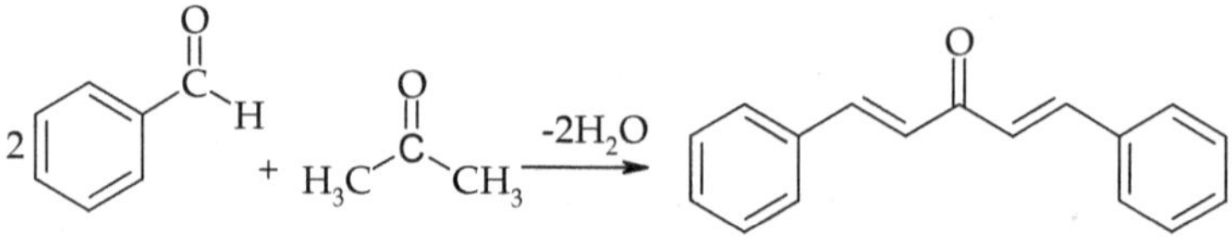

9. (C)
10. (B)

21.18 Zum Kapitel 19

1.

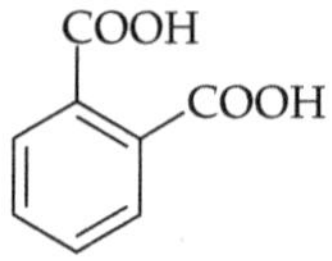

Phtalsäure 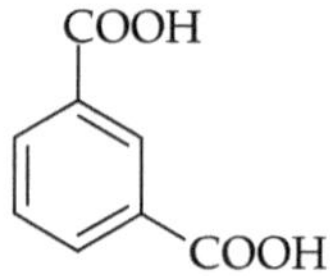   Isophtalsäure 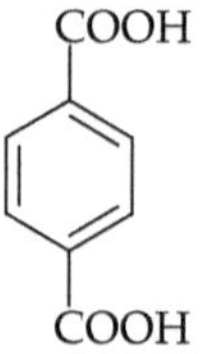   Terephtalsäure

2.

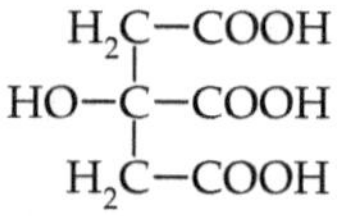

$$H_2C-COOH$$
$$HO-C-COOH$$
$$H_2C-COOH$$

3. Ester

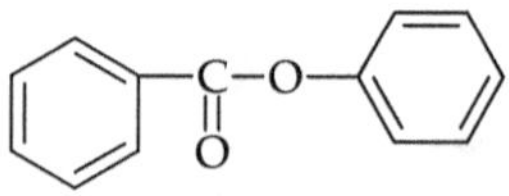

4. Aus Ameisensäure (H-COOH) und Ethanol (C_2H_5-OH) in Anwesenheit konz. H_2SO_4.

5. Bei Verseifung in alkalischem Milieu entstehen Salze der Carbonsäure und Alkohole.

Lösungen der Aufgaben

6. a) Cyclohexancarbonsäure und Phenol
   b) Benzoesäure und Cyclohexanol
7. Essigsäureanhydrid.
8.

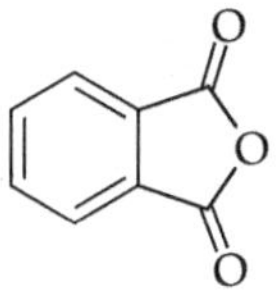

9. (B)
10.

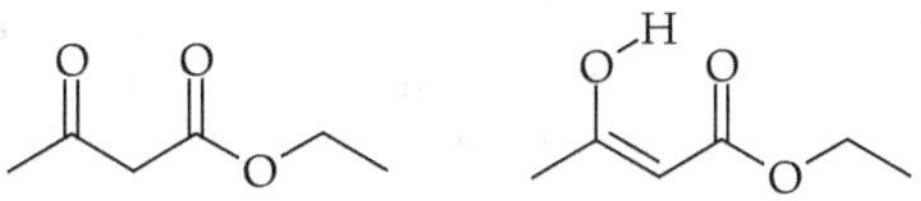

11. Decarboxylierung

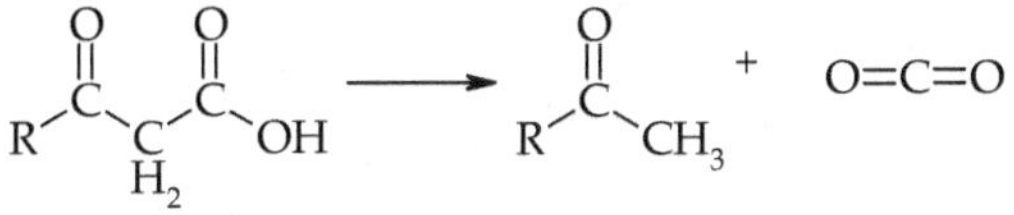

12.

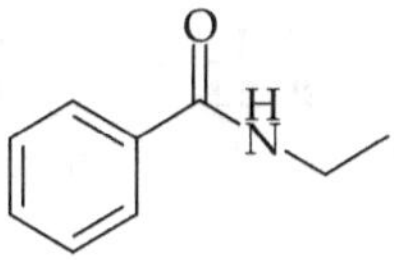

13. (B)
14. (D)
15. (B)

21.19 Zum Kapitel 20

1. Fructose: Ketohexose, die einen Fünfring ausbildet,
   Glucose: Aldohexose, die einen Sechsring ausbildet.
2. Alle Substituenten sind äquatorial (OH-Gruppen der C-Atome 1 bis 4 und CH_2-OH-Gruppe am C5-Atom).
3. C-Atome 1 bis 5 sind asymmetrisch.
4. Nein.

Kapitel 21

5. Maltose, Cellobiose, Lactose.

6. Ja, denn das Kochen in verdünnter Salzsäure bewirkt Hydrolyse der Disaccharide. Aus Saccharose entsteht ein Gemisch von Glucose und Fructose (reduzierend).

7.

8. Nur eine einzige Halbacetalgruppe, und zwar am Ende der Hauptkette. Daher zeigt die Stärke nicht die typischen Reaktionen der reduzierenden Zucker, da die Konzentration der Halbacetalgruppen viel zu gering ist.

9. Das Proton aus der Carboxylgruppe wandert zur Aminogruppe:

$$H_3C-\underset{NH_2}{CH}-C\overset{O}{\underset{OH}{\diagdown}} \longrightarrow H_3C-\underset{NH_3^+}{CH}-C\overset{O}{\underset{O^-}{\diagdown}}$$

10. Asparaginsäure und Glutaminsäure sind "saure" AS (IP<7), Lysin, Arginin und Hystidin sind "basische" AS (IP>7).

11. Offenbar hat diese Aminogruppe den stärkeren Basencharakter als die α-Aminogruppe. Sie ist elektronenreicher, weil sie weiter von der elektronenziehenden Carboxylgruppe entfernt ist als die α-Aminogruppe.

12. Phenylalanin, Tryptophan, Tyrosin und Hystidin.

13. Serin, Treonin, und Tyrosin. Diese Reste können wegen ihrer Hydroxygruppe H-Brücken bilden.

14. Glycin, Alanin, Valin, Leucin, Isoleucin, Phenylalanin und Prolin, weil ihre Reste nur aus C- und H-Atomen bestehen.

15.

16.

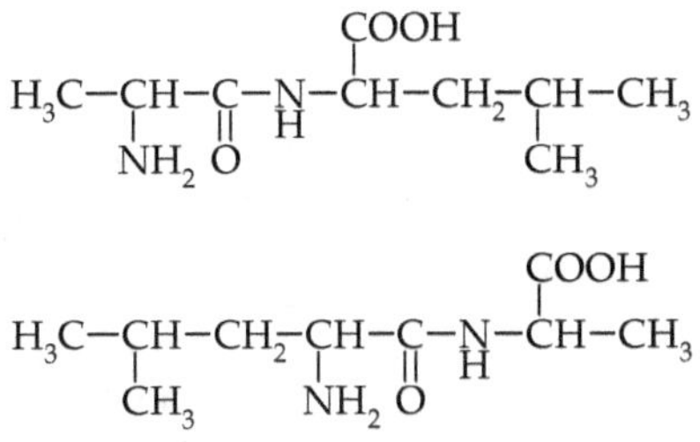

17.

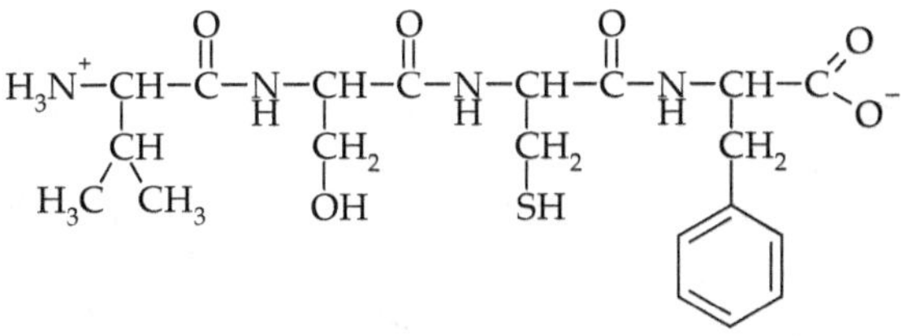

18.

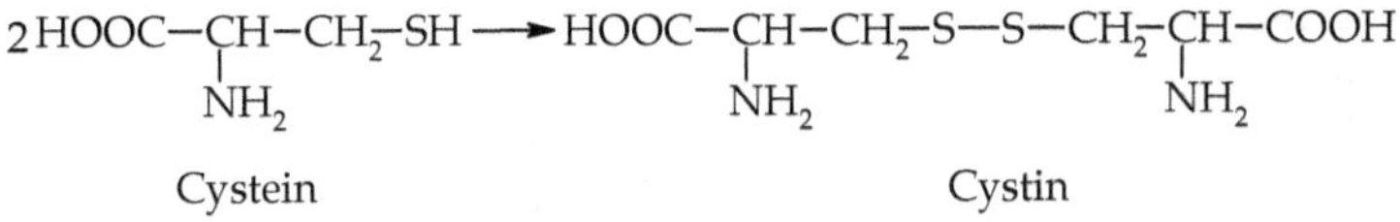

19. cis

20.

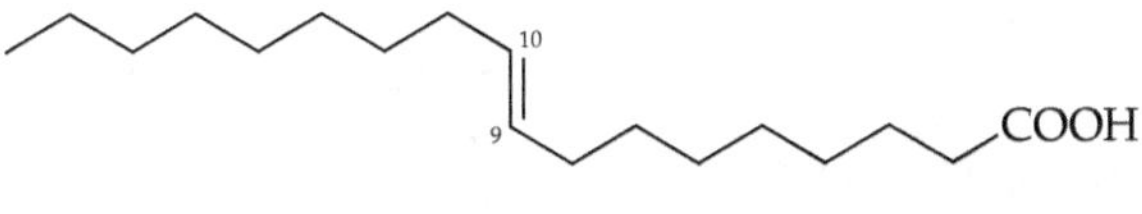

21. $C_{17}H_{29}COOH + 3H_2 \rightarrow C_{17}H_{35}COOH$

22.

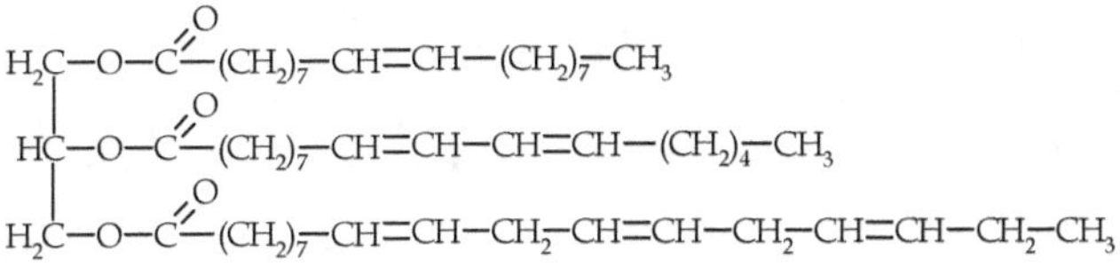

Sachverzeichnis

A
Acetaldehyd 117
Acetatpuffer 45
Addition 85, 90
Akzeptor 10
Aldehyd 65, 97, 117
Aldohexose 141
Aldose 139
aliphatisches Amin 114
Alkan 65, 96, 101
Alken 65, 96, 102
Alkin 65, 97, 104
Alkohol 65, 97, 109
allgemeine Zustandgleichung 18
Amid 135
Amin 65, 98, 113
Aminosäure 146
Ammoniumpuffer 45
Ampholyt 37
Amylopektin 145
Amylose 145
Anhydrid 130
Anion 6
Anionenaustauscher 60
Anode 53
äquatorial 77
äquimolarer Puffer 46
Äquivalenzpunkt 42
Aromat 97, 104
aromatisches Amin 114
asymmetrisches C-Atom 73
Atombau 1
Atombindung 8
Atomdurchmesser 1
Atomkern 1
Atommasse 16
Atommultiplikator 25
Atomrümpf 10
axial 77

B
Base 37
Benzol 104
bimolekular 87
Bimolekulare Eliminierung 91
Bimolekulare Substitution 88

Brenztraubensäure 127
Butan 63
Butyraldehyd 117

C
Caproaldehyd 118
Carbonatpuffer 45
Carbonsäure 64, 97, 122
Carbonsäurehalogenide 129
Carbonylverbindung 117
Carboxylgruppe 122
Cellulose 145
Chelatkomplex 11
Chelator 11
chemisches Gleichgewicht 31
Chiralitätsregel 74
cis-trans-Isomerie 75

D
D,L-Nomenklatur 74
Dekan 63
Diastereomerie 74
Dicarbonsäure 125
Dichte 22
Diethylether 113
Dimethylether 113
Dipolmolekül 9
Disaccharid 139, 143
Donator 10
Doppelbindung 102
Dreifachbindung 104
Dünnschicht-Chromatographie 59

E
Edelgaskonfiguration 2
Edukt 25
einzähniger Ligand 10
Elektronegativität 4
Elektronengas 10
Elektronenhülle 2
Elektronenkonfiguration 3
Elektronenschalen 2
Elektrophil 86
Elektrophile Addition 90
Elektrophile Substitution 88
Elementarladung 1
Eliminierung 85, 91
Enantiomere 73

Enantiomerie 73
endergon 29
endotherm 28
endotroper Vorgang 29
Enthalpie 28
Entropie 29
Ester 64, 131
Esterhydrolyse 131
Esterspaltung 131
Ethan 63
Ethanol 109
Ether 65, 97, 112
exergon 29
exotherm 28
exotrop 29
Extinktion 58
Extinktionskoeffizient 58
Extraktion 60

F

Fehlingreaktion 93
Fett 149
Fettsäure 149
Fischer-Projektion 73
Fließmittelfront 59
freie Reaktionsenthalpie 29, 33
Fructose 142
funktionelle Gruppe 96, 109

G

Galactose 141
Galvanische Zelle 53
Gibbs'sche freie Energie 29
Gibbs-Helmholtz-Gleichung 29
Gleichgewichtskonstante 31
Gleichgewichtszustand 29
Glucose 141
Glycerin 149
Glycogen 145
Glycosidbindung 143

H

Halbäquivalenzpunkt 43
halbbesetzte Orbitale 3
Halbzelle 53
Halogenalkan 96
Halogencarbonsäure 126
Halogenierung 90
Hauptquantenzahl 3
Haworth-Formel 142
Henderson-Hasselbalch-Gleichung 45

Heptaldehyd 118
Heptan 63
Heptose 140
heterolytisch 86
Hexan 63
Hexose 140
Hinreaktion 31
homologe Reihe 63
homolytisch 86
Hückelregel 105
Hundsche Regel 3
Hybridisierung 81
Hydratisierung 90
Hydrierung 90
Hydrohalogenierung 90
Hydrolyse 43
Hydroxycarbonsäure 127
Hydroxylgruppe 109

I

ideales Gas 17
I-Effekt 81
Indizes 25
Induktivität 81
Ionenaustauscher 62
Ionenbindung 6
Ionenprodukt des Wassers 37
Isoelektrischer Punkt 146
Isomerie 70
Isomerie funktioneller Gruppen 71
Isotop 2

J

Jodzahl 151

K

Kathode 53
Kation 6
Kationenaustauscher 60
Ketocarbonsäuren 127
Keto-Enol-Tautomerie 71
Ketohexose 142
Keton 65, 97, 118
Ketose 139
Kettenisomerie 70
Koeffizient 25
Kohlenwasserstoff 101
Konfigurationsisomeri 72
Konformationsisomerie 77
Konformere 78
konjugierte Doppelbindung 83
Konstitutionsisomerie 70

Konzentrationsangabe 20
Konzentrationszelle 55
Koordinationssphäre 10
Koordinationszahl 10
Koordinative Bindung 10
korrespondierende
Säure-Base-Paare 37
kovalente Bindung 8

L

Lactam 136
Lacton 132
Lactose 144
Ladungsbilanz 25
Lambert-Beer'schen Gesetz 58
Ligand 10
Löslichkeit 33
Löslichkeitsprodukt 33

M

magnetische Quantenzahl 3
Maltose 145
Mannose 141
Massenbilanz 25
Massenprozent 20
Massenwirkungsgesetz 31
Massenzahl 1
M-Effekt 83
mehrwertiger Alkohol 110
Mesomerie 81
meta 67, 89
Metallbindung 10
Methan 63
Methanol 109
Methylethylether 113
Milchzucker 144
mobile Phase 59
Mol 16
Molalität 21
molare Masse 17
molares Volumen 18
Molarität 21
Molekülmassen 16
Molenbruch 20
Monocarbonsäure 122
monomolekular 87
Monomolekulare nukleophile Substitution 87
Monomulekulare Eliminierung 91
Monosaccharid 139

N

Nebenquantenzahl 3
Nernstsche Gleichung 54
Nernstsches Verteilungsgesetz 61
Neutralisation 41
Neutron 1
Nitril 64
Nonan 63
Normalelektrode 53
Normalität 21
Normalwasserstoffelektrode 53
Nukleon 1
Nukleophil 86
Nuklid 2

O

Oktan 63
Oligosaccharid 139
Optische Isomerie 73
Orbital 3
Ordnungszahl 1
Organische Reaktion 85
ortho 67, 89
Oxidation 49
Oxidation von Aldehyden 93
Oxidation von Alkoholen 92
Oxidation von Thioalkoholen 92
Oxidationsmittel 49
Oxidationszahl 49
Oxidationszahlen 91

P

para 67, 89
Partialladung 9
Pauli-Prinzip 3
Pentan 63
Pentose 140
Peptidbindung 149
Phenol 65, 97, 111
Phosphatpuffer 45
Photometrie 58
pH-Wert 38
pKb 38
pKs 38
pOH-Wert 38
Polarisierte Atombindung 9
Polysaccharid 139, 145
primär 67, 110, 113
Prinzip von Le Chatelier 32
Produkt 25
Propan 63

Propanol 109
Propionaldehyd 117
Protein 149
Proton 1
Protonenakzeptor 37
Protonendonator 37
Pufferkapazität 46
Puffersystem 45
Pyridin 107
Pyrrol 107
Pyruvat 128

Q

Quantenzahl 3
quartär 67

R

R,S-Nomenklatur 74
Radikal 86, 101
Radikalische Substitution 87
Reaktionsenthalpie 28
Reaktionsentropie 29
Reaktionsgleichung 24
Redoxreaktion 49
Redoxreaktionen 91
Reduktion 49
Reduktionsmittel 49
Regel von Markownikow 90
Rf - Wert 59
Rohrzucker 144
Rückreaktion 31

S

Saccharose 144
Säure 37
Säureamid 64, 98
Säureanhydrid 64, 98
Säureester 98
Säurehalogenid 64, 98
Säurenstärke 82
Schrödinger-Gleichung 2
sekundär 67, 110, 113
Sequenzregel 74
Silberspiegelprobe 93

Spannungsreihe 54
Spinquantenzahl 3
Stärke 145
stationäre Phase 59
Stellungsisomerie 71
stöchiometrische Berechnung 26
Stoffmenge 16
Substituent 64
Substituenten 1.Ordnung 89
Substituenten 2.Ordnung 89
Substitution 85, 87
Substitutionsreaktionen 108

T

tertiär 67, 110, 113
Tetrose 140
Thermodynamik 28
Thioester 133
Thiol 65, 97
Thiophen 107
Titration 41
Traubenzucker 141
Triglyceride 150
Triose 140
Trisaccbaride 139

V

Valenzelektron 2
Valeraldehyd 118
Van-der-Waals-Kräfte 13
Verseifung 131
Verseifungszahl 151
Verteilungskoeffizient 61
Volumenprozent 20

W

Wasserstoffbrückenbindung 12
Wertigkeit 21, 39

Z

Z/E-Nomenklatur 75
Zucker 139
Zweitsubstitution 88
Zwitterion 146

Periodensystem der Elemente

Periode	1 IA	2 IIA	3 IIIB	4 IVB	5 VB	6 VIB	7 VIIB	8 VIIIB	9 VIIIB	10 VIIIB	11 IB	12 IIB	13 IIIA	14 IVA	15 VA	16 VIA	17 VIIA	18 VIIIA
1	$_1$H 1,0079																	$_2$He 4,0026
2	$_3$Li 6,941	$_4$Be 9,0122											$_5$B 10,811	$_6$C 12,011	$_7$N 14,007	$_8$O 15,9994	$_9$F 18,998	$_{10}$Ne 20,18
3	$_{11}$Na 22,99	$_{12}$Mg 24,305											$_{13}$Al 26,982	$_{14}$Si 28,086	$_{15}$P 30,974	$_{16}$S 32,066	$_{17}$Cl 35,453	$_{18}$Ar 39,948
4	$_{19}$K 39,098	$_{20}$Ca 40,078	$_{21}$Sc 44,956	$_{22}$Ti 47,867	$_{23}$V 50,942	$_{24}$Cr 51,996	$_{25}$Mn 54,938	$_{26}$Fe 55,845	$_{27}$Co 58,933	$_{28}$Ni 58,69	$_{29}$Cu 63,546	$_{30}$Zn 65,39	$_{31}$Ga 69,723	$_{32}$Ge 72,61	$_{33}$As 74,922	$_{34}$Se 78,96	$_{35}$Br 79,904	$_{36}$Kr 83,8
5	$_{37}$Rb 85,468	$_{38}$Sr 87,62	$_{39}$Y 88,906	$_{40}$Zr 91,224	$_{41}$Nb 92,906	$_{42}$Mo 95,94	*$_{43}$Tc [98]	$_{44}$Ru 101,07	$_{45}$Rh 102,91	$_{46}$Pd 106,42	$_{47}$Ag 107,87	$_{48}$Cd 112,41	$_{49}$In 114,82	$_{50}$Sn 118,71	$_{51}$Sb 121,76	$_{52}$Te 127,6	*$_{53}$I 126,9	$_{54}$Xe 131,29
6	$_{55}$Cs 132,91	$_{56}$Ba 137,33	$_{57}$La 138,91	$_{72}$Hf 178,49	$_{73}$Ta 180,95	$_{74}$W 183,84	$_{75}$Re 186,21	$_{76}$Os 190,23	$_{77}$Ir 192,22	$_{78}$Pt 195,08	$_{79}$Au 196,97	$_{80}$Hg 200,59	$_{81}$Tl 204,38	$_{82}$Pb 207,2	$_{83}$Bi 208,98	*$_{84}$Po [209]	*$_{85}$At [210]	*$_{86}$Rn [222]
7	*$_{87}$Fr [223]	*$_{88}$Ra [226]	*$_{89}$Ac [227]	*$_{104}$Rf [261]	*$_{105}$Db [262]	*$_{106}$Sg [263]	*$_{107}$Bh [264]	*$_{108}$Hs [265]	*$_{109}$Mt [268]	*$_{110}$Ds [269]	*$_{111}$Rg [272]							

Lanthanoide: $_{58}$Ce 140,12 | $_{59}$Pr 140,91 | $_{60}$Nd 144,24 | *$_{61}$Pm [145] | $_{62}$Sm 150,36 | $_{63}$Eu 151,97 | $_{64}$Gd 157,25 | $_{65}$Tb 158,93 | $_{66}$Dy 162,5 | $_{67}$Ho 164,93 | $_{68}$Er 167,26 | $_{69}$Tm 168,93 | $_{70}$Yb 173,04 | $_{71}$Lu 174,97

Actinoide: *$_{90}$Th [232] | *$_{91}$Pa [231] | *$_{92}$U [238] | *$_{93}$Np [237] | *$_{94}$Pu [244] | *$_{95}$Am [243] | *$_{96}$Cm [247] | *$_{97}$Bk [247] | *$_{98}$Cf [251] | *$_{99}$Es [252] | *$_{100}$Fm [257] | *$_{101}$Md [258] | *$_{102}$No [259] | *$_{103}$Lr [262]

* radioaktive Elemente, angegeben ist die Masse eines wichtigen Isotops

www.ingramcontent.com/pod-product-compliance
Lightning Source LLC
Chambersburg PA
CBHW050057230526
45470CB00004B/1571